JN258459

コンクリートの品質・施工管理

コンクリートを考える会

改訂2版

井上書院

改訂2版にあたって

2001年5月に初版を刊行してから約15年が経過しました。前回の改訂版は，初版が刊行されてから8年後のことでしたが，その間のコンクリート施工技術を取巻く状況は，耐震偽装問題を契機とした建築基準法の改正や『建築工事標準仕様書・同解説 JASS 5 鉄筋コンクリート工事』（日本建築学会）の大改定，JIS A 5308「レディーミクストコンクリート」の改正などがあり，これらに対応するべく本書も改訂することとなりました。

そして2009年の改訂版の刊行から約7年が過ぎ，この間にも前回と同様に2014年にJIS A 5308「レディーミクストコンクリート」の改正，2015年には『建築工事標準仕様書・同解説 JASS 5 鉄筋コンクリート工事』が改定されたことを受け，このたび改訂2版として刊行することとしました。

今回のJIS A 5308「レディーミクストコンクリート」（2014年改正）ならびに『建築工事標準仕様書・同解説 JASS 5 鉄筋コンクリート工事』（2015年改定）においては，施工管理に関する点で大きな変更はありませんでしたが，現状にそぐわない表現や用語の表記，参考資料等を中心とした改訂と解説事項の追加を行いました。

コンクリート技術のトレンドはこの7年の間にさまざまに変化しつつあります。超高強度コンクリートの開発がある程度落ち着きを見せ，時代の流れに寄り添うように環境にやさしいコンクリート，耐久性を指向する動き，維持管理技術の研究などすそ野はむしろ広がってきております。一方，建築現場における施工面では熟練作業員の高齢化が進み，省力化，省人化を目指しIT技術の活用も叫ばれており，ますます若い現場管理者に対する技術の伝承が緊急不可欠の課題となってきております。本書がその一助となり，知識・技術力の向上に役立てていただけたら幸いです。

2016年11月　　コンクリートを考える会代表　飯島眞人

改訂にあたって

2001年5月に初版を刊行してから，早いもので約8年が経過しました。本書は，発刊以来，建設業界を志す学生をはじめとして，入社間もない若手現場技術者，指導的立場にある方々から高い支持をいただいてきました。この間に，耐震偽装問題を契機として建築基準法が改正され，日本建築学会編『建築工事標準仕様書・同解説 JASS 5 鉄筋コンクリート工事』（以下『JASS 5』と表記）においては2003年に小改定，2009年には大改定が行われました。また，本年はJIS A 5308 生コンクリートも改訂され，コンクリートを取り巻く状況も当時に比べて大きく変化しつつあります。私たち「コンクリートを考える会」では，このような状況を踏まえ，改定内容に関する円滑な理解の促進に役立てていただけるよう，本書の改訂作業を進めてまいりました。

本書の技術的根拠のひとつである2009年版『JASS 5』では，近年新たに顕在化してきた諸問題に対応するものとして以下のような改定方針が掲げられています。

1．地球環境問題への配慮
2．目標性能の明確化
3．鉄筋コンクリート構造体の耐久性向上のための諸規定の整備
4．特殊仕様コンクリートの充実
5．品質管理規定の充実

本書『マンガで学ぶ　コンクリートの品質・施工管理　改訂版』においては極力，この改定『JASS 5』の内容を取り込むようにしておりますが，『JASS 5』の改定から間もないため，これに従った実施工例がほとんどないなどの理由から，本書に掲載した資料の一部は従来のものをそのまま使用していることをお断りさせていただきます。

コンクリート技術もこの8年の間にさまざまに進化しています。設計基準強度200 N/mm^{2}の超高強度コンクリートの開発や，ひび割れ防止対策上の新しい知見など，特に材料面においての進歩は目覚しいものがあります。一方，施工面では熟練作業員の高齢化も進み，若い現場技術者への技術の伝承が緊急不可欠の課題となっています。本書が少しでもその一助となることを願ってやみません。

2009年9月　　コンクリートを考える会代表　飯島眞人

はしがき

阪神淡路大震災以来，建物の耐震性が問われ建物調査，診断が多く行われてきています。そのなかでもコンクリートの品質，とりわけ強度や中性化の問題がクローズアップされ，最近では，山陽新幹線トンネルでの相次いだコンクリート剥落事故がコンクリートの経年劣化の問題に拍車をかけています。また，住宅の品質確保の促進に関する法律（品確法）ではコンクリート外壁などの瑕疵保証が10年になるなど，コンクリートの品質管理（品質保証）の重要性がますます高まってきています。

そのようななか，工事現場では業務効率化を求める過程において，専門工事業者への工事の分業化ならびに専門工事業者によるその工事の責任施工等に拍車がかかり，本来工事管理者が行わなければならない技術管理が薄れつつあるとともに，工事管理者に対しての技術教育が十分に行われにくくなっているのも事実です。

本書では，工事現場における「コンクリートの品質・施工管理」について，鉄筋コンクリート造の集合住宅建設を例に，主人公が工事の進捗に応じてのさまざまな体験を通して知識を修得していくプロセスを「マンガ」形式で説明するとともに，ポイントとなる事項について解説を行い，その内容が容易に理解できるようにまとめてみました。

本書が建築現場で活躍する若手現場マンはもちろんのこと，現場の指導的立場の中堅社員や工事計画部門の技術者の方々に読んでいただくことで，コンクリート工事に対しての苦手意識の払拭とともに，コンクリートの適切な品質確保の一助になれば幸いです。

最後に，井上書院の関谷社長，編集部の石川泰章氏，新野智美氏のご努力により本書を完成することができました。ここに，謝意を表します。

2001年5月　　コンクリートを考える会代表　田中昌二

●目次●

工事名称	白糸台団地第5期A棟新築工事　工程表											
月 / 工事別	4月	5月	6月	7月	8月	9月	10月	11月	12月	1月	2月	3月
特記事項（主要工事）	▽着工		▽躯体開始				▽仕上開始		▽躯体完了		▽受電	▽竣工
仮設足場工事												
杭工事												
山留・土工事												
躯体工事												検査
仕上工事												
設備工事												
外構工事												

登場人物を紹介します

坂本　凌（22才）
この物語の主人公で，太陽建設の新入社員。最初の配属先がここ白糸台団地第5期A棟新築工事作業所（略称：白5）ってわけ。さて，どうなることやら…。

勝　安芳（35才）
白5作業所係長。せっかちだけど忍耐強い。坂本くんの強〜い味方。

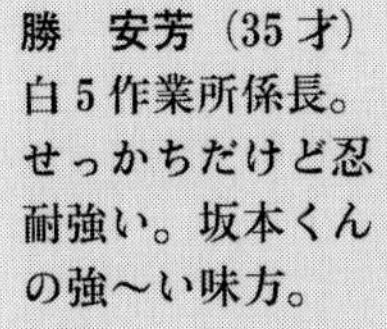

小池藤香
（23才）
白5作業所事務担当。

西郷隆夫（40才）
太陽建設白糸台第4期新築工事作業所（略称白4）の課長。

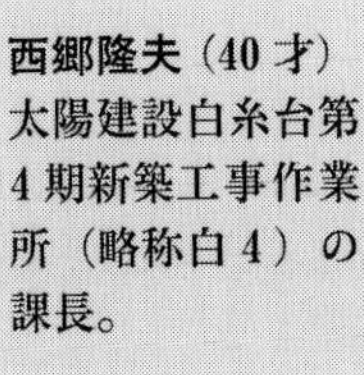

鷲尾丈二（45才）
白糸台第5期新築工事作業所長。白4作業所長も兼務。

府中建築設計事務所の**山中**さん（40才）

左から土田建設（土工関係）・職長の**土井**さん（48才），辺仁亜建設（型枠関係）・職長の**辺見**さん（45才），丸鉄工業（鉄筋関係）・職長の**丸山**さん（50才），フッシュ圧送（ポンプ）・職長の**押野**さん（52才）

伊井商事の**伊藤**さん（40才）

千葉さな子（25才）
私は富士警備サービスに勤務する白5作業所のゲート担当です。主人公の坂本くんとは幼い頃家が隣同士だったのよね。

左から桂木コンクリート工業（生コン製造）・工場長の**木戸**さん（50才），技術課長の**桂**さん（43才）

＊この物語は創作です。登場する人物，団体名は実在のものとは一切関係ありません。

1 章

設計図および仕様書の把握

たいていの建設現場には
このような仮囲いがして
あることでしょう
そしてゲートの近くにいるのは
私たちガードマンです
この作業所のように
大きな現場ともなると
車両の出入りは多いし
中で働く人、打合せで来る人など
人の動きや人生模様もいろいろ…
ご苦労様です！
私はここ白糸台団地
第５期工事Ａゲート担当の
千葉です！
今朝はこの作業所に
新入社員が出社するとの
連絡を受けています！
本当は連休明け配属なのに
所長がしびれを切らし
研修所から直行ですって！
同期はお疲れ休みだって
いうのにね…

あのォ…
所長に
呼ばれたんで
入ります！
はい！
どうぞ!!
あら…？
あの子は
確か……
タッ！
キリッ！
ウーン！
ここが俺の職場か
……
ムフ？
やっぱし
今日は
歓迎会でも
計画して
いるのかな♪
カンカン
コンコン
あのォ～
さかも…と
ですけ…
ガラ…

あっ〜〜〜！
所長ォ！
坂本くん来ましたよ
？
おお！
そうか!!

ん〜〜〜〜！
待ってたぞ
坂本くん!!

はっはじめまして…
私…さか
よろしく
坂本くん！
所長の鷲尾です！

いゃあ
こんなに
歓迎される
なんて…
きっと
ゴーカな
パーティーが
待ってるんだ…

さて
坂本くんも来たし
早速やろうか！
こっちへ
入って！
あ、ワタシ
小池ね

会議室
えへっ！
すみません！

？

スコ〜〜〜ン

ん？

ああ
君のデスクは
まだ来ていないんで
こっちでやるから！
連休明けには
専用パソコンも
含めて揃うから！
君も担当を
しっかりたのむぞ!!

たんとう…？
あのー私の
担当というのは？

君には最初に
コンクリート工事係を
担当してもらう
つもりだ！
実は連休中に
しっかり勉強して
おいてもらおうと思い
今日無理して来て
もらったんだよ

コ、コンクリート
工事係ィ？
連休中に
勉強？

配属前に現場のことを
知っているのと知らないのでは
だいぶ違うからなぁ
…と
これがここの
工事の図面
だ！

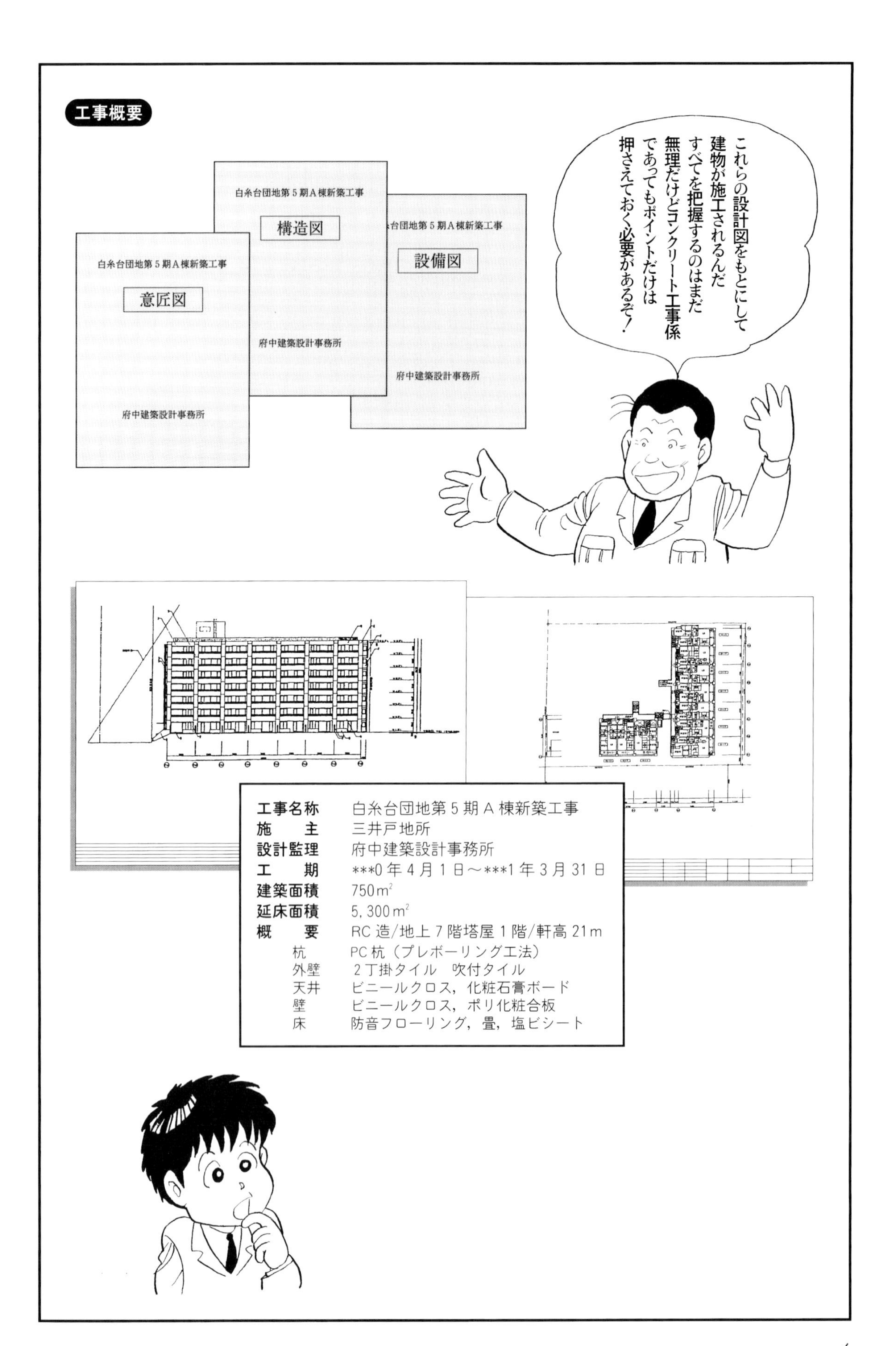
工事概要
白糸台団地第5期A棟新築工事
意匠図
府中建築設計事務所
構造図
設備図
これらの設計図をもとにして建物が施工されるんだ
すべてを把握するのはまだ無理だけどコンクリート工事係であってもポイントだけは押さえておく必要があるぞ！
工事名称　白糸台団地第5期A棟新築工事
施　　主　三井戸地所
設計監理　府中建築設計事務所
工　　期　***0年4月1日～***1年3月31日
建築面積　750m²
延床面積　5,300m²
概　　要　RC造/地上7階塔屋1階/軒高21m
杭　PC杭（プレボーリング工法）
外壁　2丁掛タイル　吹付タイル
天井　ビニールクロス，化粧石膏ボード
壁　ビニールクロス，ポリ化粧合板
床　防音フローリング，畳，塩ビシート

特に特記仕様書の「コンクリート工事」欄はしっかり把握しておくように！
ポカン

君は研修を受けたばかりだからそのあたりもよく勉強してきたんじゃないかとは思うがわからないことがあったら手遅れにならないうちに聞いてくれ！
じゃあ私は第4期のほうに行ってくるから！

バタン

マジィ!?
白糸台団地第5期A棟新築工事
構造図
コンクリート工事係にもう決まってんのォ？
なになに……
設計基準強度？
計画供用期間の級…？
品質基準強度…？
調合は調合管理強度に基づき計画…？

…どれも
聞き覚え
あるじゃないか！

でも
ピンとこない…
覚えた言葉と
実際に使われている
言葉が同じなのに…

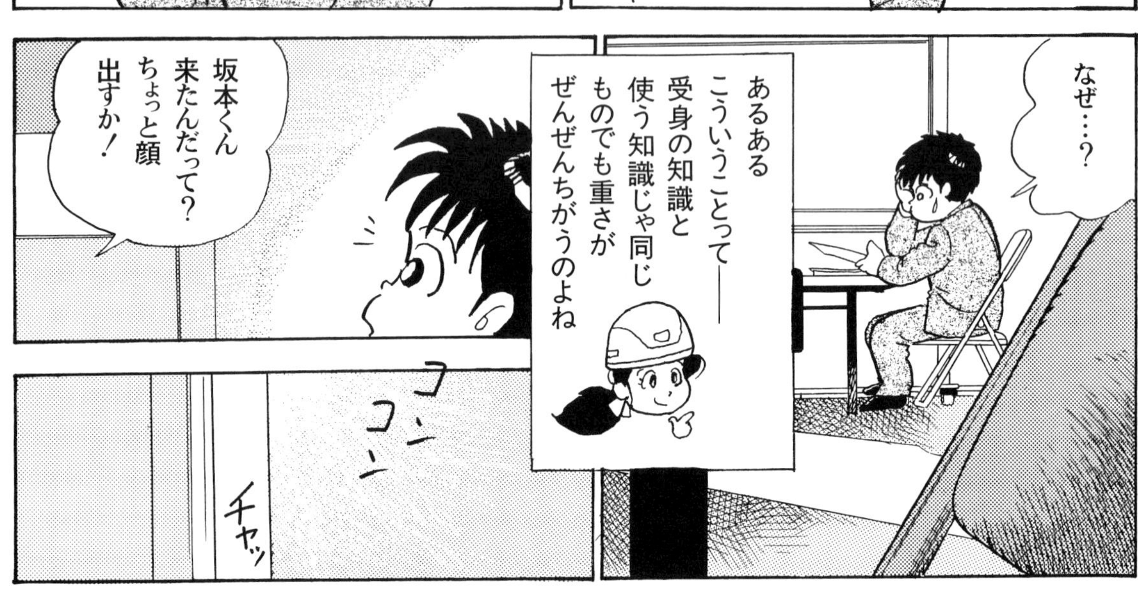
なぜ…？
あるある
こういうことって――
受身の知識と
使う知識じゃ同じ
ものでも重さが
ぜんぜんちがうのよね
坂本くん
来たんだって？
ちょっと顔
出すか！
コン
コン
チャッ

よお！
早速下調べか？

ちょっと
顔見せた
だけだから
じゃまし…
ない…
う…う

新入社員の
坂本です
あ…あのォ…
？

……要領つかめなくて困っているみたい…だね
俺、勝 この作業所の係長！よろしく!!

十数年前の自分を見ているみたいだよ
と…
それよりもうちょい重症かな？

わからないところ少し見てやるよ！
!

で、なにがわからないんだ？
そ、それが…

なにがわからないのかわからないくらいわかりませ～ん！
ドテ！

ん～～～！

いいかい まずこの工事は何に基づいて進められているかということだけど それはわかるか？
え～っとず、図面ですよね

うん図面には意匠図 構造図 そして設備図があることは知っているな？
これらの図面は設計者から現場にいるわれわれへの重要な情報なんだ！
はい！

じゃあ図面さえ整っていれば工事ができるかって言うとそれだけではないんだな
もうひとつ重要なものがあるんだ！
…？

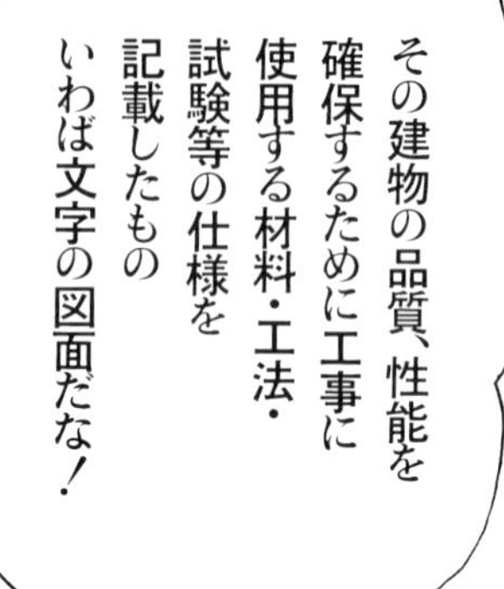
つまり仕様書だ！
その建物の品質、性能を確保するために工事に使用する材料・工法・試験等の仕様を記載したものいわば文字の図面だな！

ハイッ
だんだん見えてきました!!

うん、これにはどの建物にも共通する標準仕様書その建物にのみ固有の特記仕様書というのがあって…
…って言ったって…
ずいぶんたくさんありますよねぇ…どうやって把握すればよいのか……
もう所長から聞いたかもしれないが特記仕様書に記されている内容はきちんと把握しておくことが大切だ！
!?
君は初めての現場でコンクリート工事係になったわけだから
まずコンクリート工事の項目をしっかり把握することだな！
じゃあ説明しようか!!

解説コーナー 1-1

標準仕様書

日本建築学会編集の「建築工事標準仕様書・同解説」(このうち鉄筋コンクリート工事分を JASS-5 と呼びます)，国土交通省大臣官房官庁営繕部監修の「公共建築工事標準仕様書」，大手設計事務所や建設会社の「建築工事標準仕様書」等があります。次に説明する特記仕様書に記載されていない事項は，これらの標準仕様書によることが多いのです。

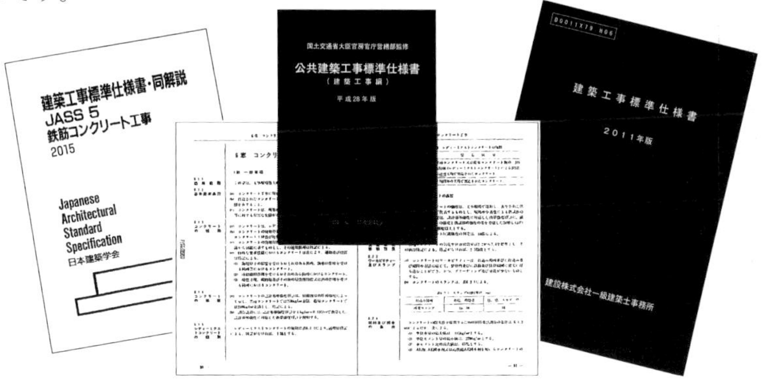

特記仕様書

それぞれの工事ごとに設計者が個別に定めた仕様であり，設計図の始めの部分にまとめて書かれるものと，図面中に書かれるものがあります。仕様書をよく読み，設計者の要求を把握することが重要です。

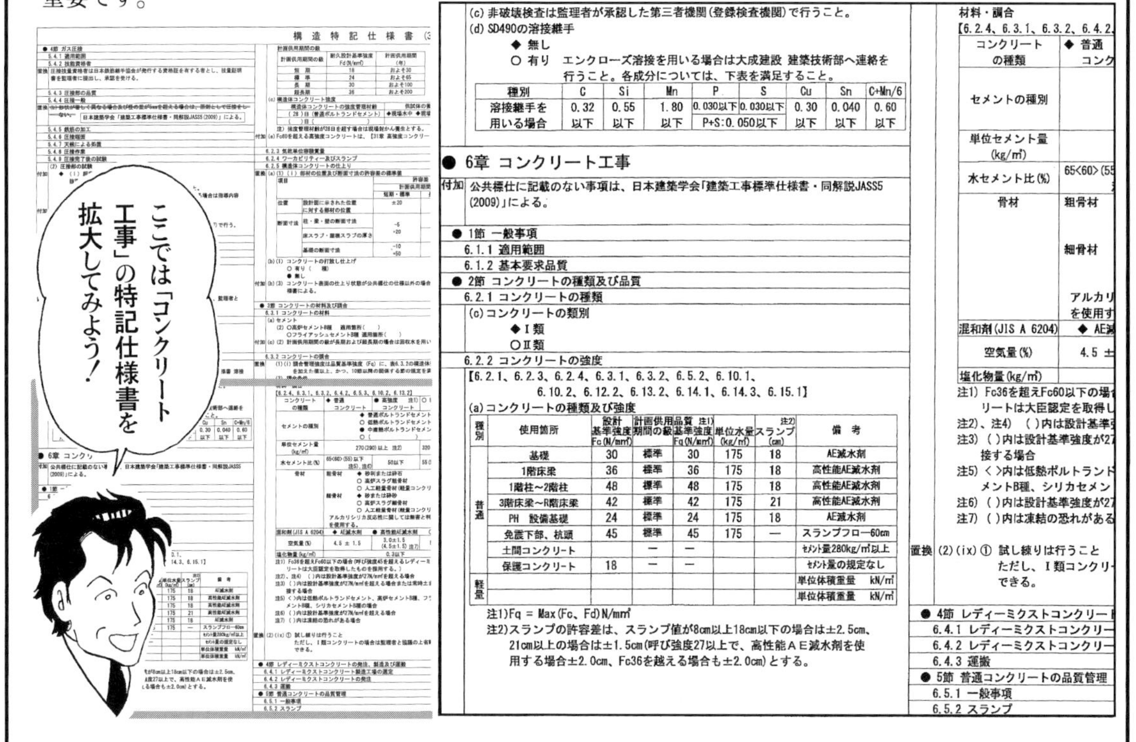

構造特記仕様書

(c) 非破壊検査は監理者が承認した第三者機関(登録検査機関)で行うこと。
(d) SD490の溶接継手
◆ 無し
○ 有り　エンクローズ溶接を用いる場合は大成建設 建築技術部へ連絡を行うこと。各成分については、下表を満足すること。

種別	C	Si	Mn	P	S	Cu	Sn	C+Mn/6
溶接継手を用いる場合	0.32以下	0.55以下	1.80以下	0.030以下	0.030以下	0.30以下	0.040以下	0.60以下
				P+S:0.050以下				

● 6章 コンクリート工事

付加　公共標仕に記載のない事項は、日本建築学会「建築工事標準仕様書・同解説JASS5(2009)」による。

● 1節 一般事項
6.1.1 適用範囲
6.1.2 基本要求品質
● 2節 コンクリートの種類及び品質
6.2.1 コンクリートの種類
(c) コンクリートの類別
◆ Ⅰ類
○ Ⅱ類
6.2.2 コンクリートの強度
【6.2.1、6.2.3、6.2.4、6.3.1、6.3.2、6.5.2、6.10.1、6.10.2、6.12.2、6.13.2、6.14.1、6.14.3、6.15.1】
(a) コンクリートの種類及び強度

種別	使用箇所	設計基準強度 Fc(N/mm²)	計画供用期間の級	品質基準強度 注1) Fq(N/mm²)	単位水量 (kg/m³)	スランプ 注2) (cm)	備考
普通	基礎	30	標準	30	175	18	AE減水剤
	1階床梁	36	標準	36	175	18	高性能AE減水剤
	1階柱～2階柱	48	標準	48	175	18	高性能AE減水剤
	3階床梁～R階床梁	42	標準	42	175	21	高性能AE減水剤
	PH 設備基礎	24	標準	24	175	18	AE減水剤
	免震下部、杭頭	45	標準	45	175	—	スランプフロー60cm
	土間コンクリート		—	—			ｾﾒﾝﾄ量280kg/m³以上
	保護コンクリート	18	—	—			ｾﾒﾝﾄ量の規定なし
軽量							単位体積重量 kN/m³
							単位体積重量 kN/m³

注1) $Fq = Max(Fc、Fd) N/mm^2$
注2) スランプの許容差は、スランプ値が8cm以上18cm以下の場合は±2.5cm、21cm以上の場合は±1.5cm(呼び強度27以上で、高性能ＡＥ減水剤を使用する場合±2.0cm、Fc36を越える場合も±2.0cm)とする。

材料・調合
【6.2.4、6.3.1、6.3.2、6.4.2、

コンクリートの種類	◆ 普通コンク
セメントの種別	
単位セメント量 (kg/m³)	
水セメント比(%)	65<60>(55
骨材	粗骨材
	細骨材
	アルカリ を使用す
混和剤(JIS A 6204)	◆ AE減
空気量(%)	4.5 ±
塩化物量(kg/m³)	

注1) Fc36を超えFc60以下の場合 リートは大臣認定を取得し
注2)、注4) ( )内は設計基準
注3) ( )内は設計基準強度が27 接する場合
注5) < >内は低熱ポルトランド メントB種、シリカセメン
注6) ( )内は設計基準強度が27
注7) ( )内は凍結の恐れがある

置換 (2)(ix) ① 試し練りは行うこと ただし、Ⅰ類コンクリー できる。

● 4節 レディーミクストコンクリー
6.4.1 レディーミクストコンクリー
6.4.2 レディーミクストコンクリー
6.4.3 運搬
● 5節 普通コンクリートの品質管理
6.5.1 一般事項
6.5.2 スランプ

コンクリート特記事項の見方

ポイントだけを話すけどくわしくはJASS-5をよく見てくれ！

構造計算において基準としたコンクリートの圧縮強度を示します。

構造物および部材の計画供用期間に応じる耐久性を確保するために必要とする圧縮強度のことです。計画供用期間の級で決まります。

品質基準強度に構造体強度補正値を加えたもの*。

コンクリート1 m³中の水量の最大値がこの値以下となるよう，調合を定めなければなりません。

コンクリートの流動性や耐久性の向上，また単位水量低減を目的として使われます。

使用箇所		設計基準強度 Fc (N/mm²)		耐久基準強度 Fd (N/mm²)		調合管理強度 Fm (N/mm²)		単位水量 (kg/m³)		混和剤
4階柱～塔屋	普通	24	標準	24	24	30	標準養生	185以下	18	高性能AE減水剤
1階柱～4階床	普通	27	標準	24	27	30	標準養生	185以下	18	高性能AE減水剤
1階床基礎梁	普通	24	標準	24	24	27	標準養生	185以下	18	AE減水剤
土間コンクリート	普通	18	短期	18	18	18	標準養生	175以下	15	AE減水剤
捨てコンクリート	普通	18			18	18			15	
使用箇所	種類		計画供用期間の級		品質基準強度 Fq (N/mm²)		構造体強度管理用供試体の養生		所要スランプ (cm)	

コンクリートの種類を指定します。普通骨材を用いる普通コンクリートと人工軽量骨材を用いる軽量コンクリートがあります。

供試体の養生方法

仕様書で規定するスランプ値であり，品質管理上は許容差が認められています。

建築主または設計者が，建物の構造体および部材について，設計時に計画する供用予定期間で，下記の表の4つの級に区分されています。

計画供用期間の級	計画供用期間	耐久設計基準強度 (N/mm²)
短期	約30年	18
標準	約65年	24
長期	約100年	30
超長期	約200年	36

設計基準強度（N/mm²）
または
耐久設計基準強度（N/mm²）
のどちらか大きい値とする。

＊構造体強度補正値 mSn（N/mm²）
材齢 m 日の標準養生供試体強度と材齢 n 日の構造体コンクリート強度の差。ただし0以上の値とする。JASS-5の標準値は，コンクリート打込みから材齢28日までの予想平均気温の範囲に応じて6または3。

どう？
一歩踏み出したって
感じじゃない？
はい！
なんていうか…
初めて本物の
勉強をしたと
いう気がします!!

本物も本物！
机上じゃなくて
自分たちの現場で
生かしていく勉強だぜ！

はいっ！
コンクリートって
ひとつの建物で
こんなに強度や
スランプを使い分け
ているなんて
思いませんでした！

構造設計によって
決められるんだけど
部位や階数、
施工法などによって
違ってくるんだ！

それじゃあ
次にその強度や
スランプを満足する
コンクリートを
つくるための調合
計画について
説明しようか！

調合計画

●材料選定

コンクリートはセメント，骨材，水，混和剤などの材料をミキサーで混合したもので，使用材料の品質がコンクリートの品質にじかに反映します。

その中でも特に水は，その量の加減で大きな影響を及ぼします。

セメント	骨　材	混和剤
水と化学反応して徐々に強度がでる。一般には普通ポルトランドセメントがよく使用される。そのほかに早強・フライアッシュ・高炉などの種類がある。	5mm 以上のものを粗骨材（砂利），5mm 以下のものを細骨材（砂）という。* 骨材はコンクリート容積の約70% を占めるため，コンクリートに大きな影響を及ぼす。骨材品質は良質なものを選定したい。	少量加えることにより，コンクリートの流動性や耐久性を大幅に向上させる。AE 減水剤や高性能 AE 減水剤などがある。

＊JIS の「コンクリート用語」では，粗骨材は 5 mm 網ふるいに質量で 85% 以上とどまる骨材をいい，細骨材は 10mm 網ふるいを全部通り，5 mm 網ふるいを質量で 85% 以上通る骨材をいう。

●調合選定

①単位水量

コンクリートの流動性（スランプ）は，水量を多くすると大きくなりますが，分離やひび割れが発生しやすくなります。

そのため，規定するコンクリートの品質が得られる範囲内で，できるだけ少ない水量を選定します。JASS-5 では，単位水量の最大値を $185\,\mathrm{kg/m^3}$ としています。

②水セメント比

コンクリートの圧縮強度は，使用材料が同じであれば水セメント比で決まることがわかっています。これを利用して所要の強度を満足する水セメント比を選定するのが，調合選定の重要な目的です。JASS-5 では，水セメント比の最大値が規定されています。

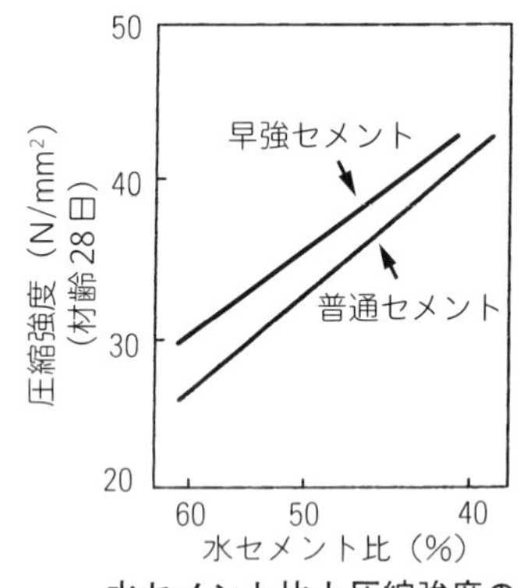

水セメント比と圧縮強度の関係例

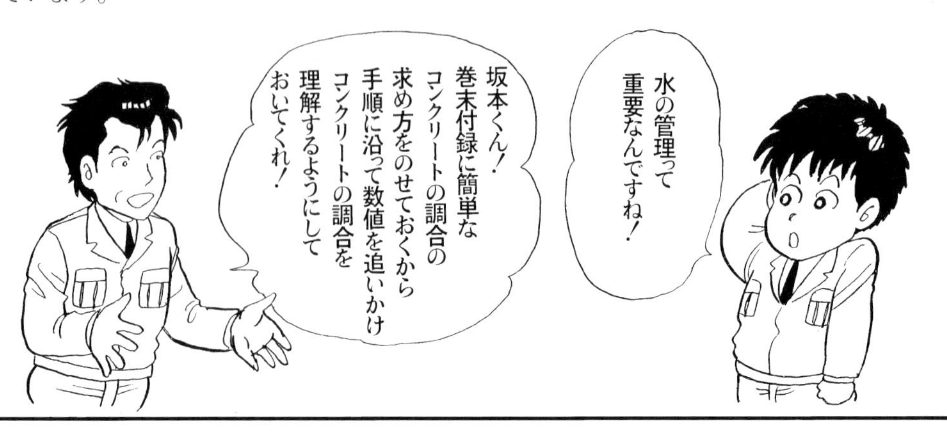

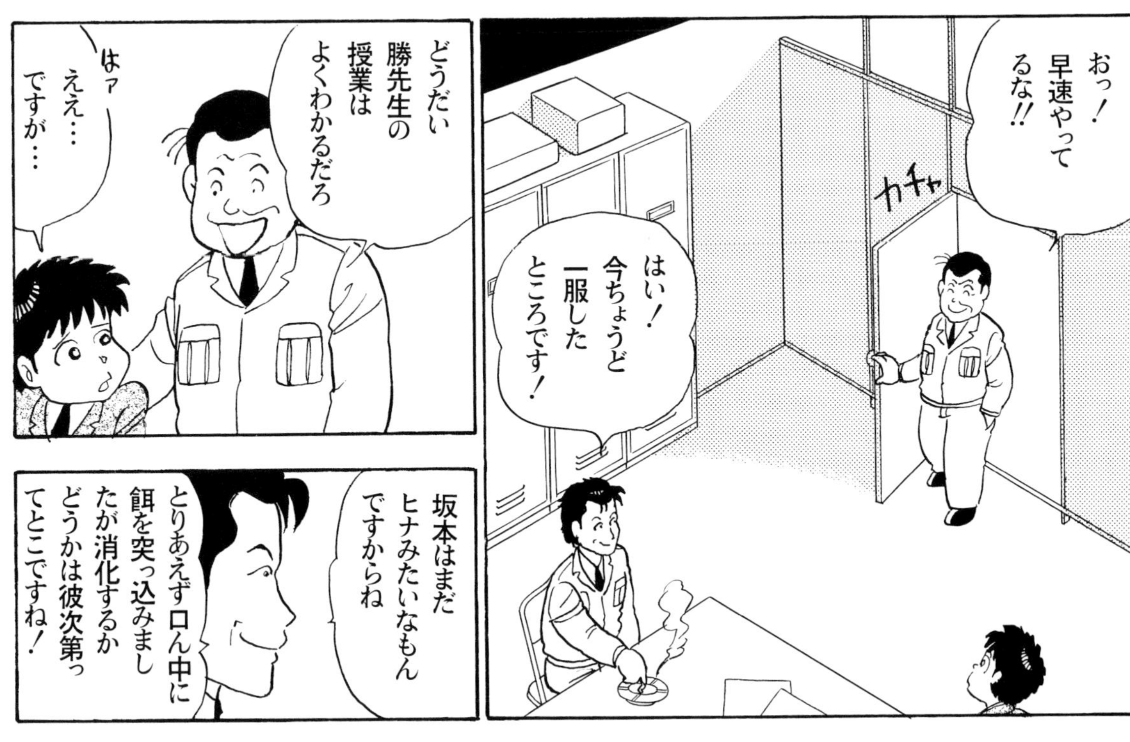

＊上段左のコマのシーンについて：現在では，事業者は空気環境におけるタバコの煙や臭いについて，労働者が不快と感じることのないよう維持管理し，必要に応じて作業場内における喫煙場所を指定するなどの喫煙対策を講ずることとされています。

構造物の耐久性

鉄筋コンクリート構造物の耐久性は，一般に鉄筋の腐食をアルカリ性のコンクリートが防止することによって確保されます。しかし，コンクリートは外気中の炭酸ガスや水分の作用により徐々に中性化し，中性化の範囲が内部の鉄筋にまで達すると鉄筋の腐食が始まります。この鉄筋のさび（腐食）が大きくなると鉄筋が膨張し，かぶりのコンクリートにひび割れが入ります。ここから水が入り，鉄筋の腐食が促進され，コンクリートの剥落が生じ，大規模な補修が必要となるのです。

このような状態にならない期間を，およそ30年とか65年と決めてコンクリートの基準強度を定めてあるのが，耐久設計上の計画供用期間の級に応じた耐久設計基準強度です。これは，コンクリートの中性化速度は強度が高いほど遅い傾向があるからです。

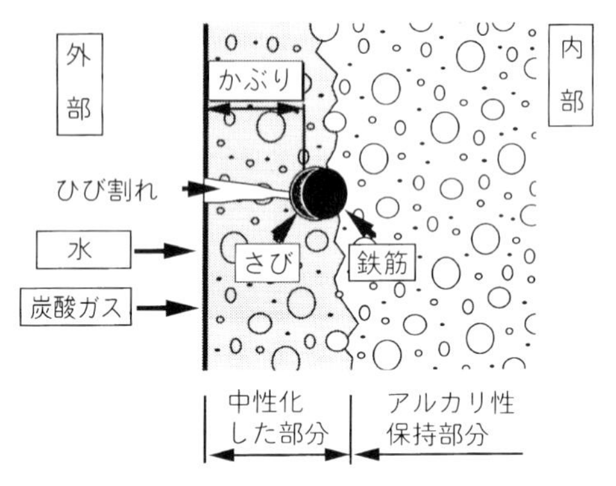

中性化による鉄筋コンクリート構造物の劣化

●かぶり厚さの確保

中性化の速度を水セメント比60％のコンクリートで，打放し仕様・外壁の場合で計算すると，右の表のようになります。

中性化が進むのに要する期間

深さ	期間
深さ 1cm まで	約 7年
深さ 2cm まで	約 30年
深さ 3cm まで	約 65年

この表からもわかるとおり，かぶり厚さが1cm小さいと，中性化する年数は約30年も早くなってしまいます。したがって，設計かぶり厚さを施工で確保することはきわめて重要なのです。

また，この年数は施工欠陥（豆板，大きなひび割れ）があると大幅に短くなってしまうので，欠陥のない施工を心がけると同時に，万一欠陥が生じたら直ちに補修をしなければなりません。

●塩化物量の確認

また，耐久性に大きくかかわる問題として，塩害があります。コンクリートの中に塩分が含まれていると，中性化していなくても鉄筋はさびるため，コンクリートにとってきわめて危険な状態となります。したがって，生コンの現場搬入時にコンクリートの中の塩化物量の検査が義務付けられています。JASS-5では，コンクリート中の塩化物量を塩化物イオン量として0.30kg/m^3 以下と定めています。

塩害によるかぶりコンクリートの剥落例

まっ!
まずコンクリート工事の仕様を十分理解しておくようにしてくれ!
おっと! 勝、そろそろしたくして行く時間だ!
今日も時間かかりそうですね
あの担当者熱心だからなあ

ということで今日はここまでとしてこの資料を持って帰って連休中によく勉強しておいてくれ!
今日はごくろうだったな!

じゃあ予定どおり連休明けからこの作業所に出社するように!
そのときには盛大に歓迎会をやる予定だ!!

ばたん!

お…おれのゴールデンウィークが…

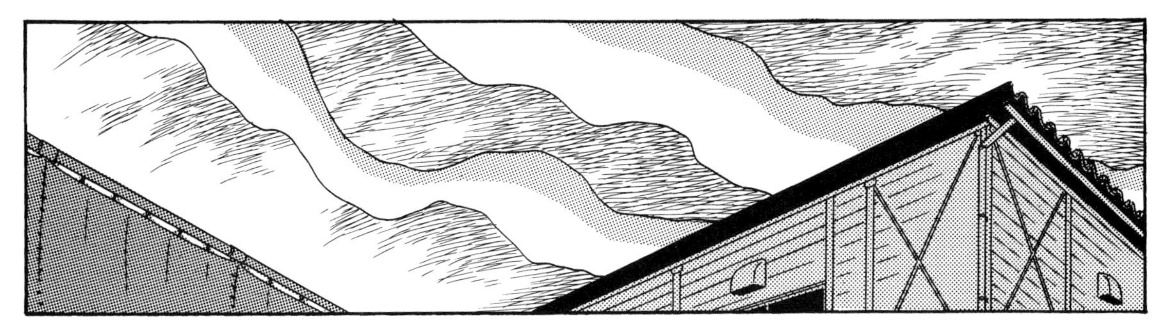

凌ちゃん!

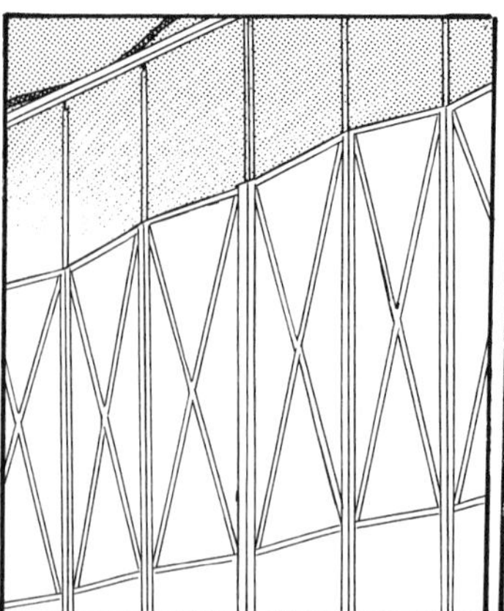

トボトボ

私よ!
隣に住んでいた
さな子よ!!
?

!
あ～～～っ!!
さな子ちゃん!!
女番長の…

ここの警備なんだ!!
そ!
だから
昔みたいに
いじめられたら
助けてあげら
れるヨ♪

豆知識

◆コンクリートの種類◆

コンクリートの種類には，使用する骨材の気乾単位容積質量によって分けられるものと，使用材料・施工条件・要求性能などによって分けられるものなどがあります。

1 気乾単位容積質量による分類

①普通コンクリート

自然岩石からできた砂・砂利また砕砂・砕石，および高炉スラグ砕石・スラグ砕砂などの骨材を用いたコンクリートで，気乾単位容積質量 2.1 ～ 2.5t/m^3 程度で最も広く使用されている。

②軽量コンクリート

火山れきや人工の軽量骨材などの骨材を用いたコンクリートで，気乾単位容積質量 1.4 ～ 2.1 t/m^3 程度で重量軽減や断熱などの目的で使用される。

③重量コンクリート

気乾単位容積質量 3.0t/m^3 を超える骨材を用いたコンクリートで，気乾単位容積質量 2.5t/m^3 を超えるのもの。原子力関連施設の放射線遮蔽壁などに使用される。

2 強度による分類

高強度コンクリート

最も広く使用されている設計基準強度 18〜36N/mm^2 の普通コンクリートに比べ，強度が 36N/mm^2 を超えるものを高強度コンクリートといい，通常，設計基準強度 60〜100N/mm^2 のものが，鉄筋コンクリート造による 30〜40 階建の超高層建築等に使用されています。

現在では，200N/mm^2 を超えるコンクリートも実用化されており，50 階建以上の超高層 RC 造建築も多数建設されています。

高強度コンクリートを用いた鉄筋コンクリート造超高層建築

3 流動性による分類

高流動コンクリート

スランプ 21cm 以下とされている普通コンクリートに比べ，バイブレーターなどによる締固めをしなくても型枠に充てんできる液体のような流動性があり，しかも水や骨材が分離しないコンクリートをいいます。

流動性はスランプでは測定できないので，スランプ試験時のコンクリートの広がりで測定します。（スランプフロー：50〜70cm）

高流動コンクリート

4 使用材料・施工条件・要求性能などによる分類

① 寒中コンクリート工事
② 暑中コンクリート工事
③ 流動化コンクリート
④ 鋼管充填コンクリート
⑤ プレストレストコンクリート
⑥ プレキャスト複合コンクリート
⑦ マスコンクリート
⑧ 遮蔽用コンクリート
⑨ 水密コンクリート
⑩ 水中コンクリート
⑪ 海水の作用を受けるコンクリート
⑫ 凍結融解作用を受けるコンクリート
⑬ エコセメントを使用するコンクリート
⑭ 再生骨材コンクリート
⑮ 住宅基礎用コンクリート
⑯ 無筋コンクリート

などがあります。

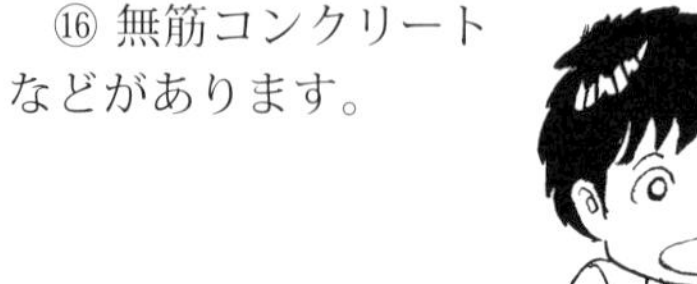

2 章
コンクリートの調合計画と試し練り

連休明けから正式に配属となった坂本くん
休み返上で猛勉強だったみたいよ
所長命令かどうかはわからないけど
勝係長が独身寮に来てくれたんですって！
現場は工程に沿って動いているから坂本くんに合わせてのんびりするわけにはいかないものね！
おはよう!!
今日も頑張って！
おはようございまーす！

ハイ坂本くん！
支店提出用の事務書類がこの中に入ってるからよく読んで印鑑押しておいて!!
それと…備品や細かいことは私に言って！
えーと備品…備品
書類…印鑑…
おーい坂本くん！終わったらこっち!!

ガタ
は…はいっ!

おう!
今な設計事務所の
山中さんから電話があって
チェック終わったから
予定通りに
生コンの試し練りを
実施したいってことで…

ちょっ、ちょっと
待って下さい!
僕はまだ…
ん?

あっそうか!
何度も顔見てるから
つい前からいるような
気がして…
ごめん!

「山中さんが
誰か?」の
説明から
お願いします!

ははは!
勝よ一本取られたな!

ちょうどいい
君から提案の
あった彼を工場
見学に連れて行く件
その前に
基礎知識を教えて
おいてくれ!

わかりました!
じゃあ
そっちでやろうか!!

まず…電話の山中さんっていう人は…
この建物を設計した府中建築設計事務所の工事監理者なんだ
生コン工場が調合計画したうちの現場のコンクリートの配合計画書だよ！

したがって工事の進捗にそって随所で監理にみえるし今回のように現場から提出した書類をチェックするんだよ！
何を提出したんですか？

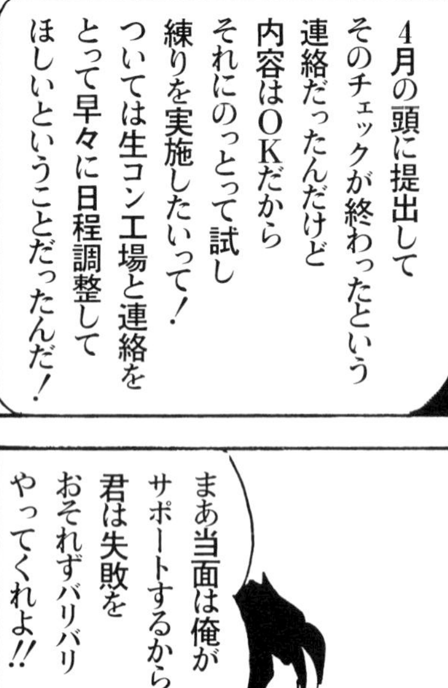
4月の頭に提出してそのチェックが終わったという連絡だったんだけど内容はＯＫだからそれにのっとって試し練りを実施したいって！ついては生コン工場と連絡をとって早々に日程調整してほしいということだったんだ！

ふ〜ん現場っていろいろ大変なんですね…
おいおい何を他人事みたいなこと言ってんだ⁉君はコンクリート工事係だぜ！
これからコンクリートに関することはすべて君が解決しなくちゃ！たのむぜ‼
はっ…はい‼
まあ当面は俺がサポートするから君は失敗をおそれずバリバリやってくれよ‼
手始めに生コン工場選定の話や調合計画のことなどから話そうか‼

生コン工場の選定

●生コン工場選定の条件

1. JIS 表示認証工場であること。
2. 工場にコンクリート主任技士などの技術者が常駐していること。
3. 工場が，工場練混ぜから現場打込み終了までの時間の限度内にコンクリートを打ち込めるよう輸送できる距離に立地していること。
4. 工事で必要な 1 日の打設量に対し，十分な出荷能力があること。
5. 工事で必要な種類・強度のコンクリートに対し，十分な出荷能力があること。

工場選定の仕組み

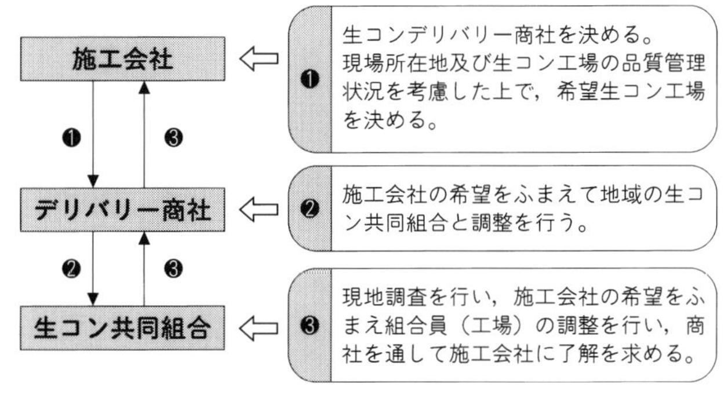

●生コン工場の数

首都圏では，半径 5km エリア内に 5～6 社の生コン工場があるのが一般的です。

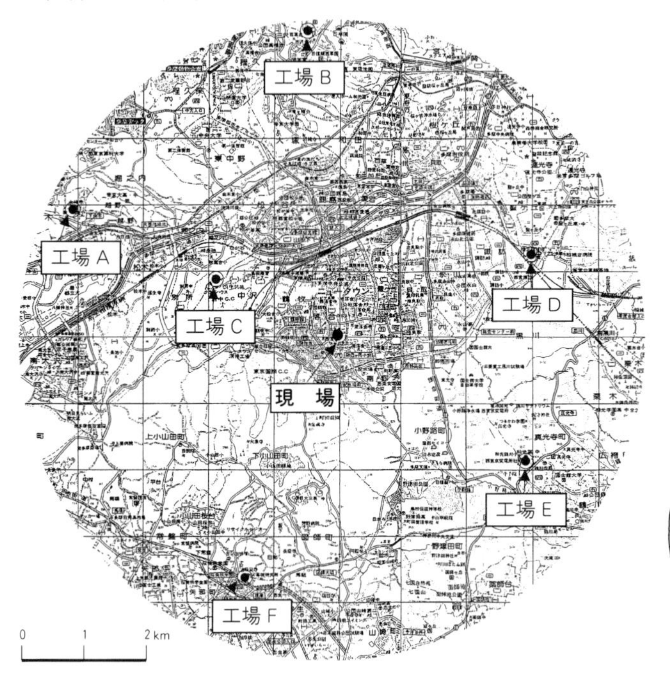

セメント製造メーカー

1. 太平洋セメント
2. 住友大阪セメント
3. 宇部三菱セメント
4. トクヤマセメント
5. 他 10 数社

配合計画書の見方

まず，調合計画は生コン工場が決定した段階で，その現場の特記仕様書などをもとにして，その生コン工場が行います。

それは使用される骨材などの材料の品質や数量が，それぞれの生コン工場の実績によって違いがあるためです。

そして，生コン工場による，その現場に納入される生コンの強度ごとに調合計画されたものが「レディーミクストコンクリート配合計画書*」として， 強度別に現場に提出されるわけです。

＊通常，生コンクリートと呼んでいますが，正式名称は「レディーミクストコンクリート」といいます。

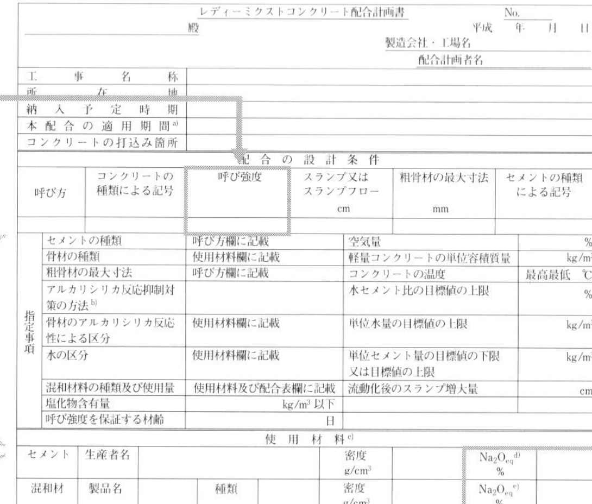

レディーミクストコンクリート配合計画書　No.

殿　　平成　年　月　日

製造会社・工場名

配合計画者名

工事名称	
所在地	
納入予定時期	
本配合の適用期間[a]	
コンクリートの打込み箇所	

配合の設計条件

呼び方	コンクリートの種類による記号	呼び強度	スランプ又はスランプフロー cm	粗骨材の最大寸法 mm	セメントの種類による記号

指定事項				
	セメントの種類	呼び方欄に記載	空気量	%
	骨材の種類	使用材料欄に記載	軽量コンクリートの単位容積質量	kg/m³
	粗骨材の最大寸法	呼び方欄に記載	コンクリートの温度	最高最低 ℃
	アルカリシリカ反応抑制対策の方法[b]		水セメント比の目標値の上限	%
	骨材のアルカリシリカ反応性による区分	使用材料欄に記載	単位水量の目標値の上限	kg/m³
	水の区分	使用材料欄に記載	単位セメント量の目標値の下限又は目標値の上限	kg/m³
	混和材料の種類及び使用量	使用材料及び配合表欄に記載	流動化後のスランプ増大量	cm
	塩化物含有量	kg/m³ 以下		
	呼び強度を保証する材齢	日		

使用材料[c]

セメント	生産者名			密度 g/cm³		Na_2O_{eq}[d] %	
混和材	製品名	種類		密度 g/cm³		Na_2O_{eq}[e] %	

骨材	No.	種類	産地又は品名	アルカリシリカ反応性による区分[f] 区分	アルカリシリカ反応性による区分[f] 試験方法	粒の大きさの範囲[g]	粗粒率又は実積率[h]	密度 g/cm³ 絶乾	密度 g/cm³ 表乾	微粒分量の範囲 %[i]
細骨材	①									
	②									
	③									
粗骨材	①									
	②									
	③									

混和剤① / 混和剤②	製品名		種類		Na_2O_{eq}[j] %	
細骨材の塩化物量[k]	%	水の区分[l]		目標スラッジ固形分率[m]	%	
回収骨材の使用方法[n]	細骨材		粗骨材			

配合表[o] kg/m³

セメント	混和材	水	細骨材①	細骨材②	細骨材③	粗骨材①	粗骨材②	粗骨材③	混和剤①	混和剤②

水セメント比	%	水結合材比[q]	%	細骨材率	%

備考　骨材の質量配合割合[r]，混和剤の使用量については，断りなしに変更する場合がある。

コンクリートの品質基準強度に構造体強度補正値を加えた強度またはそれ以上の強度で，JIS 規格の中から選択した数値です。これが発注する強度となります。

特記仕様書などで指定されている数値に基づいて，現場と生コン工場とで協議した数値を記入する欄

生コン工場の実際に使用する材料の名称や数値を記入する欄

上記の「配合の設計条件」と「使用材料」の数値を使い，調合計算式を用いて導き出した配合数値を記入する欄

骨材のアルカリシリカ反応を調べた結果の区分およびその試験方法

砂利・砂の品質で JASS-5 等で規定されています。

種　類	絶乾密度
砂　利	2.5 以上
砂	2.5 以上

ここの数値は「配合の設計条件」の数値より低いことを確認します。数値が低いということは，品質の良い骨材が使用されていることにつながります。

セメントに含まれるアルカリ量の数値で，ポルトランドセメントを使用した場合に記入します。JIS では 0.75% 以下と規定されています。

＊26 ページに示した「レディーミクストコンクリート配合計画書」は，JIS A 5308：2014 によるものです。JIS A 5308：2014 は 2019 年 3 月に改正されました。

…という
わけさ！

なるほど…
で試し練りには
ウチから勝さん
事務所からは…
山中さん！
そしてウチからは
新人のコンクリート
工事係にも
行ってもらう!!

僕も行って
いいんですか！

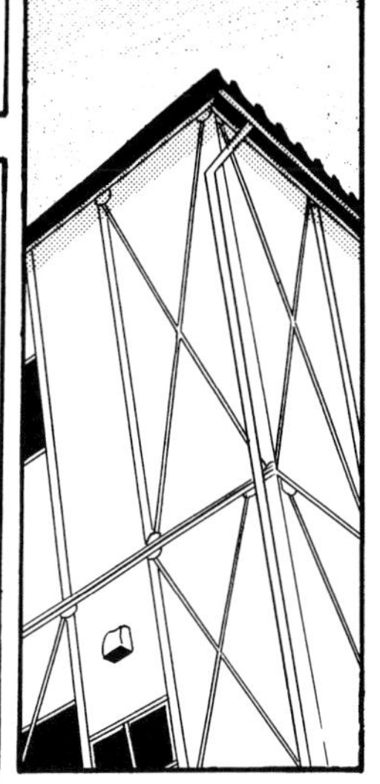
そしていよいよ
試し練りの当日

こんにちは！
間に合ったかな？
あっ山中さん！
お待ちして
いました!!

まだ大丈夫ですよ
一服したら
出かけましょう
まだ伊藤さんも
見えてないし…

この間電話で申し上げました新入社員の坂本です！
さっ坂本ですよっよろしくお願いします

山中ですよろしく頼むね！

コンクリートのデリバリー商社である伊井商事の伊藤さんもその後到着し一行は伊藤さんの車で生コン工場に向かいました車で行くのには理由があるのですわかりますか？
それは現場から生コン工場までの生コン車運行経路とその所要時間を確認するためなんですって！こういうことにまで現場の人は配慮しているんですね!!

さて、一行は生コン工場に到着したようです
はいこちらで降りて下さい！私は車を駐車場に止めてきます！
勝さんなんかドキドキします！また名刺交換するんですよね
ぷ…
今度はもっとリラックスしてな！
なんてったってコンクリート工事係なんだから今後頻繁に連絡取り合うことになるんだぞ！
お疲れさまです！桂ですこちらへどうぞ！
応接室
案内してくれたのは技術課長の桂さんでした
名刺交換も無事済み早速工場側の概要説明が始まりました工場側の出席者は４人です
工場長
木戸
試験係
中岡
出荷係
出川
…では試し練りに入る前に当工場の概要から説明させていただきます

JIS認証書

製造管理室

工場全景

生コンの製造設備の例（引用＊1）

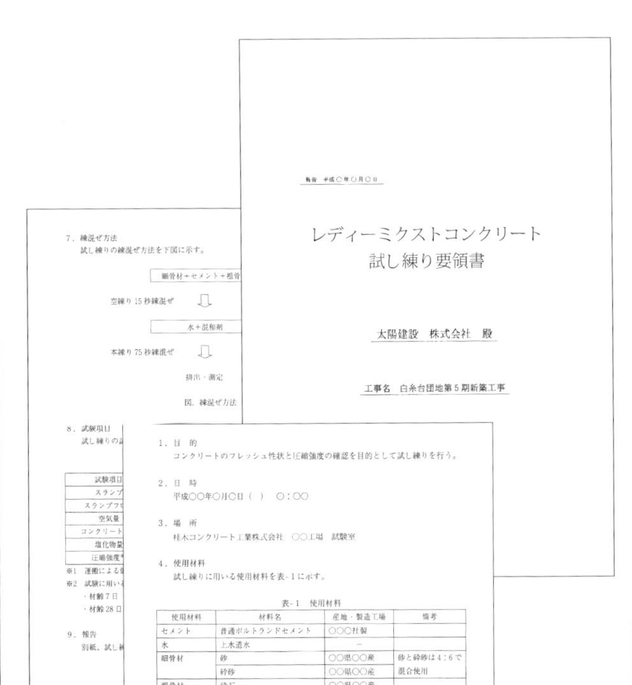

7．練混ぜ方法

試し練りの練混ぜ方法を下図に示す。

細骨材＋セメント＋粗骨

空練り 15 秒練混ぜ ⇩

水＋混和剤

本練り 75 秒練混ぜ ⇩

排出・測定

図．練混ぜ方法

8．試験項目

試験項目 / スランプ / スランプフロ / 空気量 / コンクリート / 塩化物量 / 圧縮強度

9．報告

提出 平成○年○月○日

レディーミクストコンクリート
試し練り要領書

太陽建設　株式会社　殿

工事名　白糸台団地第５期新築工事

1．目　的

コンクリートのフレッシュ性状と圧縮強度の確認を目的として試し練りを行う。

2．日　時

平成○○年○月○日（　）　○：○○

3．場　所

桂木コンクリート工業株式会社　○○工場　試験室

4．使用材料

試し練りに用いる使用材料を表-1に示す。

表-1　使用材料

使用材料	材料名	産地・製造工場	備考
セメント	普通ポルトランドセメント	○○○社製	
水	上水道水	−	
細骨材	砂	○○県○○産	砂と砕砂は4：6で混合使用
	砕砂	○○県○○産	
粗骨材	砕石	○○県○○産	
混和剤	高性能ＡＥ減水剤	○○○社製	

5．配　合

試し練りに用いるコンクリートの配合を表-2に示す。

表-2　配　合

No.	種類	呼び方	備考
1	普通	30−18−20 N	

6．試験器具

試し練りに用いる試験器具を以下に示す。

- 試し練りミキサ（公称○○リットル）
- スランプ試験器具
- フロー測定器具
- ワシントン型エアメータ
- 温度計
- 塩化物測定器具

試し練り計画書及び計算書

年　月　日

殿

桂木コンクリート工業株式会社
○○工場

工事名称					
試験年月日	平成　年　月　日	天候	室温　℃	湿度	%

配合の設計条件

呼び方	コンクリートの種類による記号	呼び強度	スランプ又はスランプフロー cm	粗骨材の最大寸法 mm	セメントの種類による記号
	普通	30	18	20	N

指定事項			
セメントの種類	呼び方欄に記載	空気量	− %
骨材の種類	使用材料欄に記載	軽量コンクリートの単位容積質量	− kg/m³
粗骨材の最大寸法	呼び方欄に記載	コンクリートの温度	最高・最低 − ℃
アルカリシリカ反応抑制対策の方法	A	水セメント比の目標値の上限	− %
骨材のアルカリシリカ反応性による区分	使用材料欄に記載	単位水量の目標値の上限	− kg/m³
水の区分	使用材料欄に記載	単位セメント量の目標値の下限又は目標値の上限	− kg/m³
混和材料の種類及び使用量	使用材料及び配合表欄に記載	流動化後のスランプ増大量	− cm
塩化物含有量	− kg/m³以下	−	−
呼び強度を保証する材齢	− 日	−	−

混和材料

混和剤１		混和材１	
混和剤２		混和材２	
流動化剤			

標準配合・試し練り配合（kg/m³）

水セメント比	52.5 %	水結合材比	%	細骨材率	47.2 %	練り量	30 ℓ

	セメント C	混和材 AD1	混和材 AD2	水 W	細骨材 S1	細骨材 S2	細骨材 S3	粗骨材 G1	粗骨材 G2	粗骨材 G3	混和剤 Ad1	混和剤 Ad2	混和剤 Ad3
標準配合	324			170	338	506		585	389		3.402		
試し練り配合	324			170	338	506		585	389		3.402		
練り量(kg)	9.72			5.10	10.14	15.18		17.55	11.67		0.102		
表面水率(%)	−	−	−	−							−	−	−
表面水量(kg)	−	−	−								−	−	−
表面水補正後(kg)	9.72			5.10	10.14	15.18		17.55	11.67		0.102		
風袋(kg)											−	−	−
計量値(kg)	9.72			5.10	10.14	15.18		17.55	11.67		0.102		

試験結果	スランプ	フロー測定値	空気量	コンクリート温度	単位容積質量	塩化物量
	cm	× cm	%	℃	kg/m³	kg/m³
	cm	× cm	%	℃	kg/m³	kg/m³

材齢	試験予定日	備考
日		
日		
日		立会者
日		担当者

…えー 私の方からは以上です
ではこれまでの説明でご質問等がございましたらどうぞ!
こちらの工場で一日のうちで一番多く出荷した量は?

はい それはですね—— 880㎥です!
工場の材料管理で一番気をつけていることはなんでしょうか?
それは骨材の表面水管理です! 私どもはそれに関して……
とまあ雑談風ではありますがさすがにベテランの方々はポイントを押さえた質問をしていました さて、坂本くんはといえば—— コンクリートの工事係としてなにか言わなくちゃってあせってたけど…さあどうかな?
あ、あのー…
かっ…片道の時間でぇ 距離っていうかー 一番遠かったのはどのくらいですか?

えっ… …… …!?
はい! それはもちろん品質に大きく影響することですから交通状況などさまざまな観点を考慮しております!
この工場からですと距離にして15㎞ 時間にして約45分が今までのマックスです!

それじゃあ
現場から
こちらまで25分
だったから
大丈夫ですね！

だいじょーぶ…？

！
そうですね！
時間的には
平均的な運搬
時間になるかと
思います
ですから現場との
連携にも
問題はないと
思います！

ほかに…は？
ないようでしたら
試験室のほうへ
どうぞ！

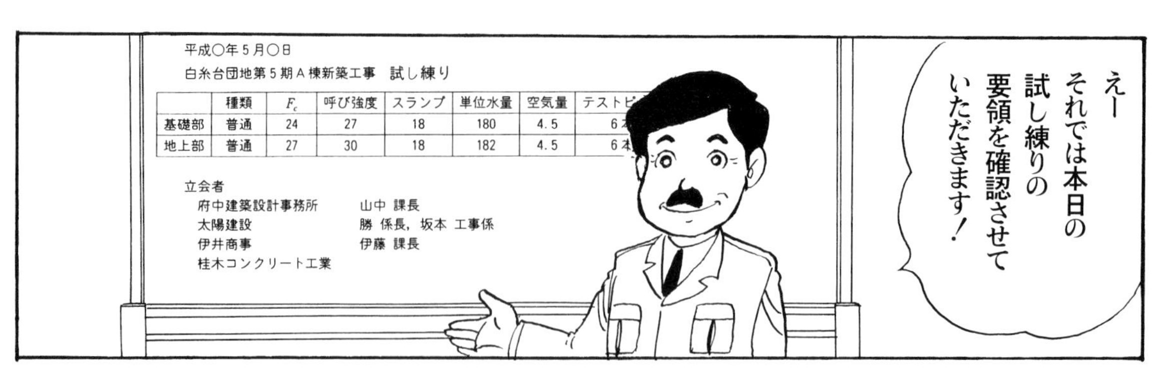
平成○年5月○日
白糸台団地第5期A棟新築工事　試し練り
種類　F_c　呼び強度　スランプ　単位水量　空気量
基礎部　普通　24　27　18　180　4.5　6
地上部　普通　27　30　18　182　4.5　6
立会者
府中建築設計事務所　山中 課長
太陽建設　勝 係長，坂本 工事係
伊井商事　伊藤 課長
桂木コンクリート工業
えーそれでは本日の試し練りの要領を確認させていただきます！

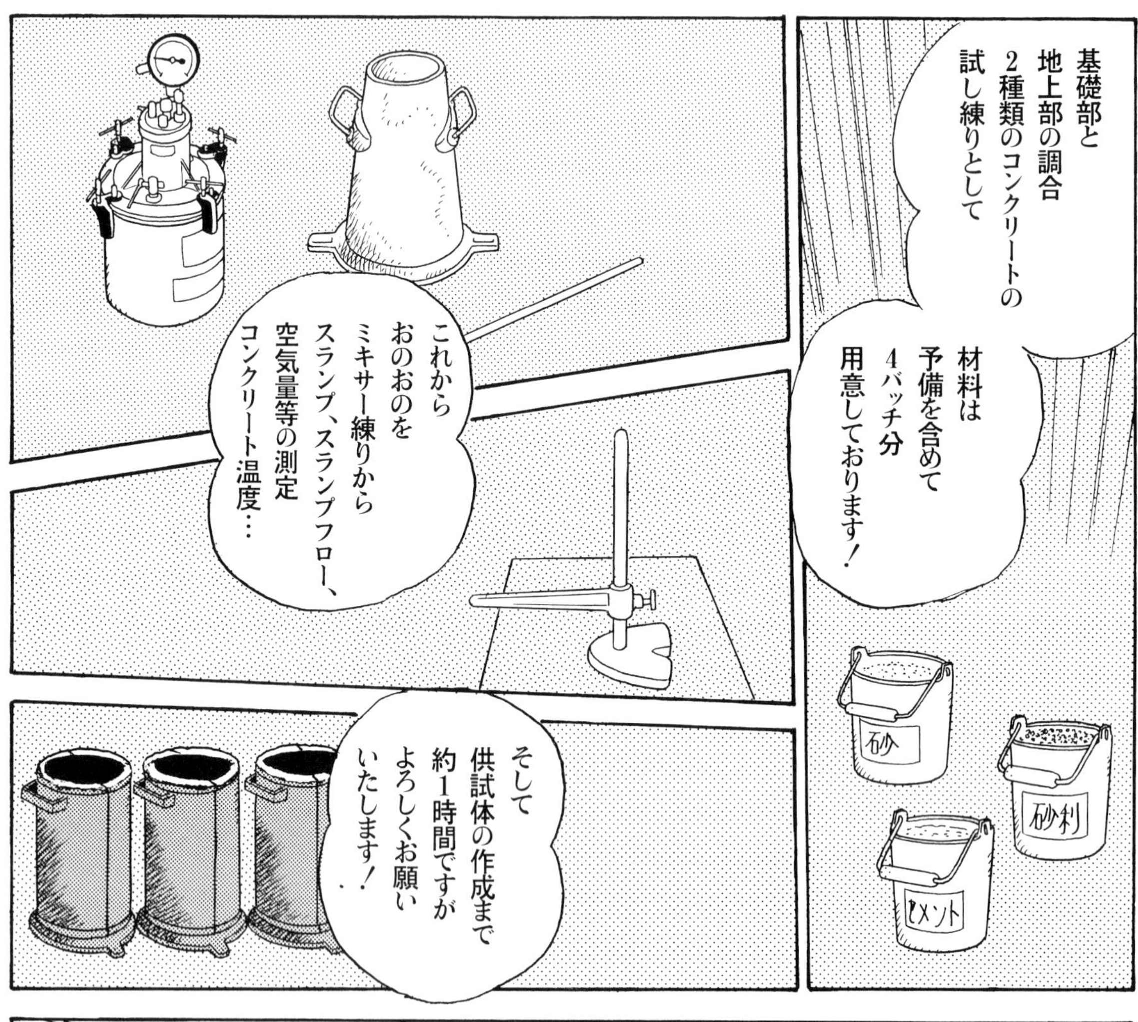
基礎部と地上部の調合 2種類のコンクリートの試し練りとして
材料は予備を含めて4バッチ分用意しております！
これからおのおのをミキサー練りからスランプ、スランプフロー、空気量等の測定コンクリート温度…
砂
砂利
セメント
そして供試体の作成まで約1時間ですがよろしくお願いいたします！

なお当工場ではスランプロスは2㎝ですでは試し練りを行います！

解説コーナー 6

試し練り要領

試し練りとは，「レディーミクストコンクリート配合計画書」として提出されたその現場の生コン調合が，特記仕様書どおりの強度や施工品質をもったコンクリートとなるかを確認するために行うもので，実際の工場で，一般に小型ミキサーを使用して配合計画書にそった数値で配合し，供試体を作成して確認します。

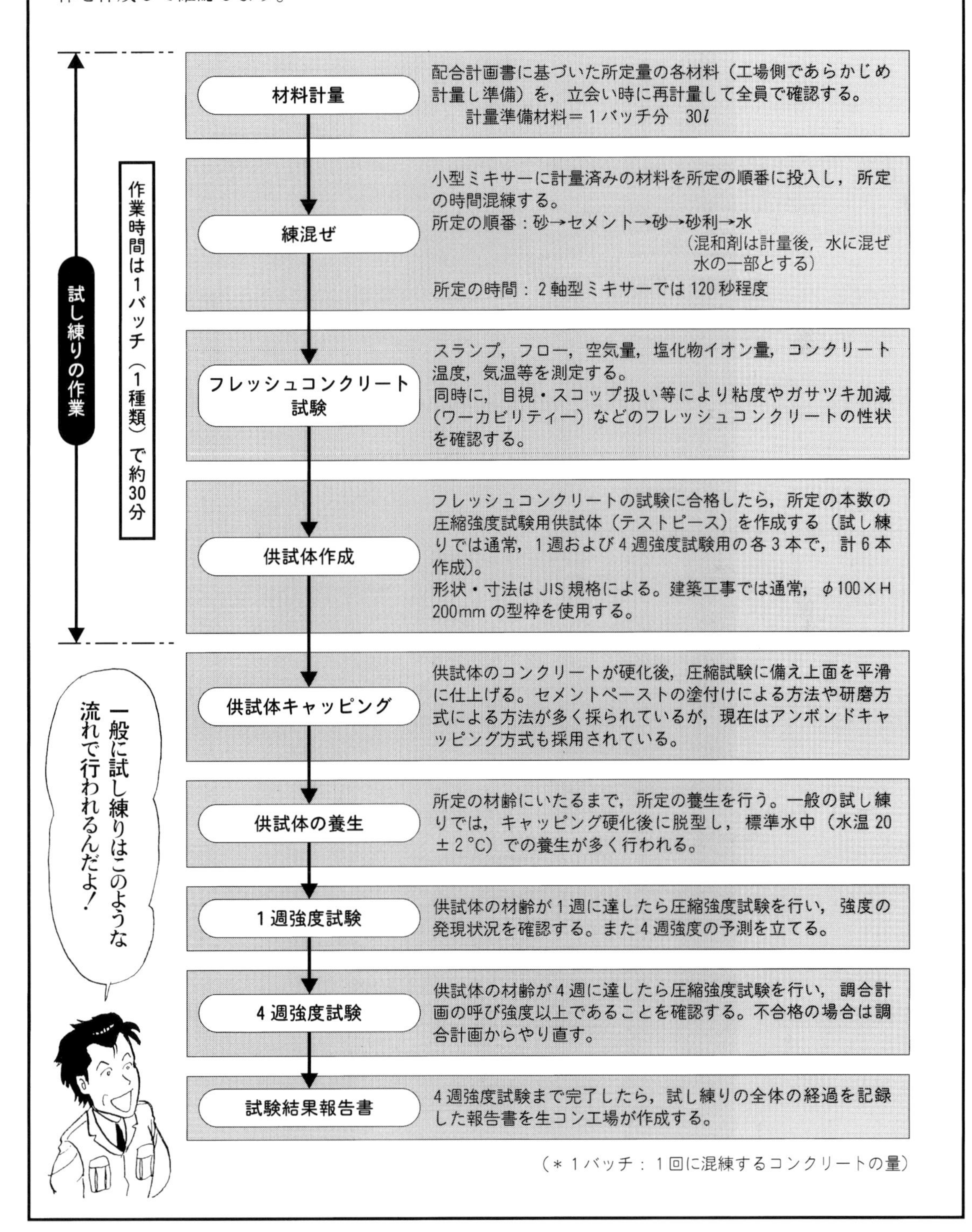

（＊1バッチ：1回に混練するコンクリートの量）

試し練りの流れ

1バッチ 30l で供試体6本を採取

1週強度確認用　3本
4週強度確認用　3本

30l の内訳

① 供試体	1本 2l	
	2l×6本＝12l	
② 空気量測定用	1回＝ 7l	
③ スランプ測定用	1回＝ 6l	
	合計 25l	

（1バッチの例）

① あらかじめ計量された材料

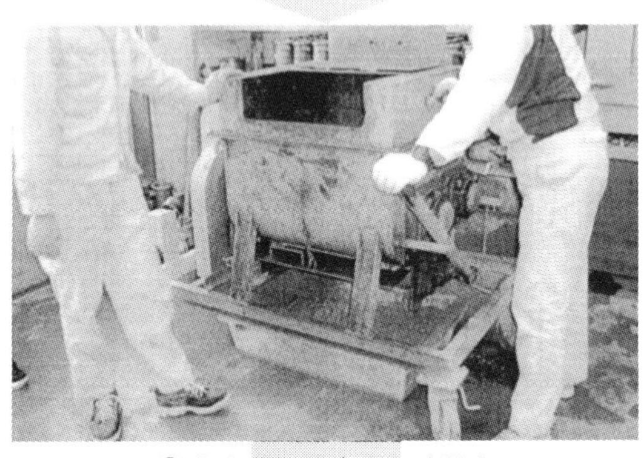

② ミキサーによるかくはん

③ 練混ぜ容器（舟）に生コンを取り出し各種測定

④ 供試体採取

⑤ 試し練り完了

試し練りでの練混ぜ時間は，一般強度の場合 120～180 秒程度ですが，本番のバッチャープラントでの練混ぜ時間は通常 45 秒程度です。これは実機と小型機では練混ぜ性能に違いがあるからです。

どうも
ご苦労様でした！
次に骨材管理状況と
製造管理室を
ご覧いただきますが
ここで少し休憩を入れ
ましょう！

さっきの
質問よかったぞ！
へへ
そ…そうっす
かァ？

だけどもっと
自信をもって
歯切れよく
言ってほしかったな

なんか
あわてちゃってて
…

そこでだ！
ニヤ
ギクッ！

今後のことも
あるからこの時間を
使って
試し練りでの
確認のポイントを
おさらいして
おこうか!!

試し練りでの確認ポイント

1 スランプロス

スランプは時間の経過とともに次第に低下します。このスランプの低下分をスランプロスといいます。スランプロスはコンクリートの調合によっても異なりますが，気温やコンクリート温度が高いほど大きくなります。また現場までの輸送時間がかかり過ぎるとスランプロスが過大になり，コンクリートのワーカビリティーが損なわれます。したがって，現場到着時点で所定のスランプをもった生コンを確保するために，プラント出荷時点での生コンにはスランプロス分が考慮されています。そのため試し練りにおいても，通常 1〜2cm 程度のスランプロスを見込んで試し練りが行われます。この確認も重要なポイントです。

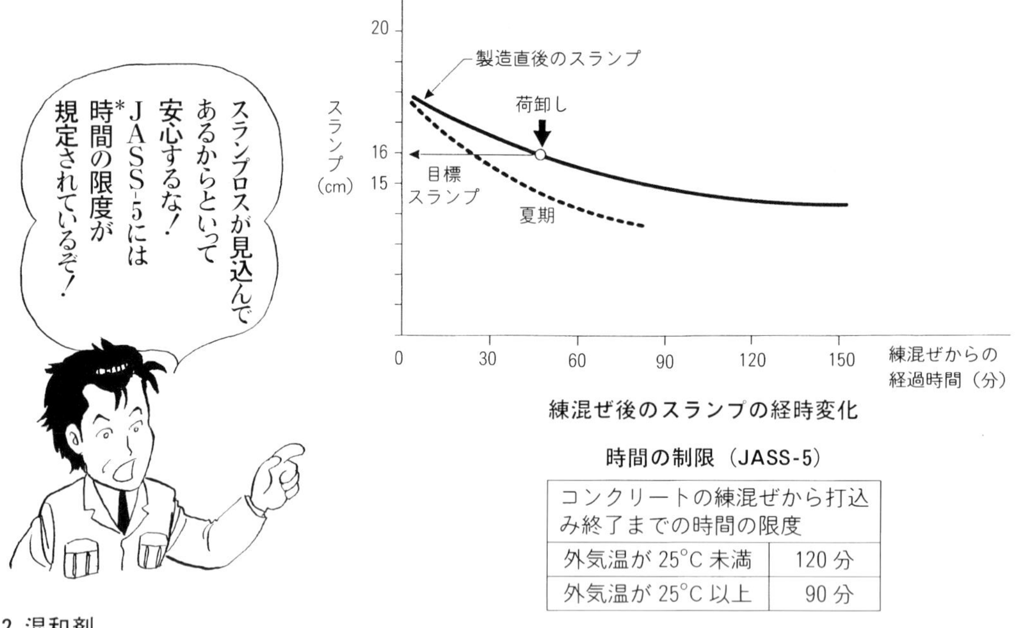

練混ぜ後のスランプの経時変化

時間の制限（JASS-5）

コンクリートの練混ぜから打込み終了までの時間の限度	
外気温が 25°C 未満	120 分
外気温が 25°C 以上	90 分

2 混和剤

一般に必ず用いられる混和剤は，AE 減水剤です。これはコンクリートの中に細かな気泡を混入させたり練混ぜ水量を少なくさせる役割をもった液体で，少量（セメント重量の 1%）の投入でコンクリートの中に 4〜5% の微細な空気が混入されます。コンクリートの施工性を良くすると同時に，耐久性を高める効果をもたらします。このほかに，この性能を高めた高性能 AE 減水剤などもあります。メーカー名を確認することもポイントのひとつです。

＊AE＝Air Entraind：微細気泡

3 プラントの品質管理状態のヒアリングを行う

- 骨材の表面水の管理状態
- 納入骨材の受入れチェック状況
- プラント設備のチェック

＊時間とは，コンクリートの練混ぜから打込み終了までの時間のことをいう。

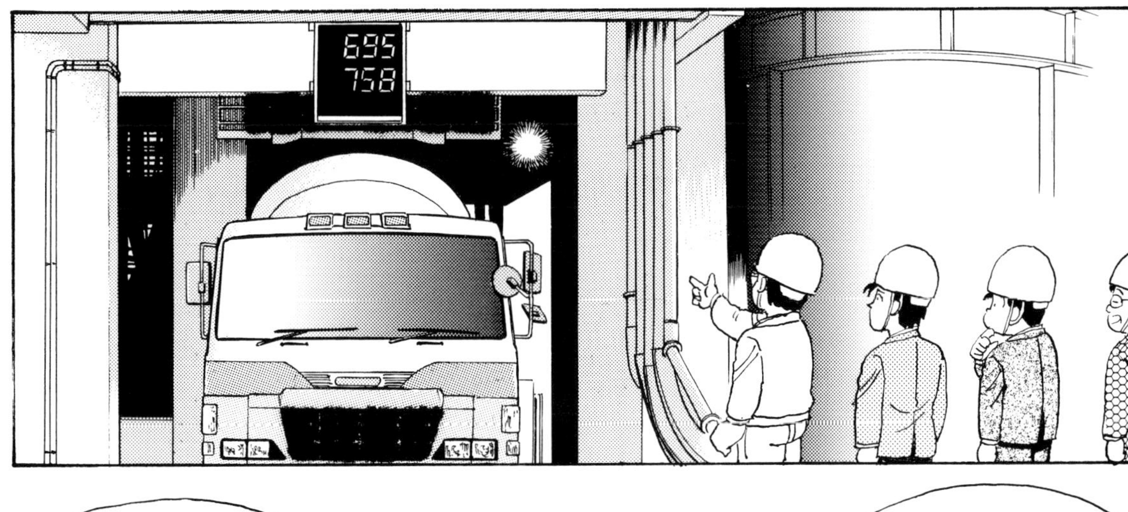

おっと
大事なことを忘れてた！
この試し練りは
必ず行わなくてはならない
というものではないことを
説明しておかなくては！

つまり――
打込み予定コンクリートがＪＩＳ規格品の
レディーミクストコンクリートであって
納入生コン工場がＪＩＳ認証の許可を
受けた工場であれば
工事監理者の了解を受けたうえで
試し練りを行わなくてもよいということ
なんだ

3 章
コンクリート工事施工計画書

現場はPC
杭工事から
掘削工事へと順調に
進んでいますが
坂本くんは相変わらず
あたふたしているよう
です
ピッ
ピッ

作業が終わった後も
事務所で頑張る
坂本くんの姿が見えます
今日は勝係長から
施工計画書についての
講義があるようです
ヘェー
ゲートの千葉さんとは
隣同士だったのか！
どうりで親しいわけだ
カチャ
そうなんですよ
それがけっこう
頼れる人なん
です！
…さてと
コンクリート工事の
施工計画の話を
始めるか！
はいっ!!

これがここの現場の
コンクリート工事
施工計画書だ!
1か月ほど前に
設計事務所に提出
しておいたものが
承認されて戻ってきた
ところだ
知ってのとおり
施工段階における
すべての工事は
建物の竣工に
向けた一本の
大きな計画の中に
位置していて——
そこから大きく
外れないように
それぞれの工事が
全体計画のもとに
動いているわけなんだ!
そうか…
たとえ一部分であっても
全体に対する
役割は大きいってことか

そう!
工事において
施工計画書は
いかに大事で
あるかってことさ!!
ですね…

だから
そのうちのひとつである
コンクリート工事施工計画書を
担当者である君は
誰よりもしっかり把握して
おく必要があるんだぞ!!

コンクリート工事施工計画書

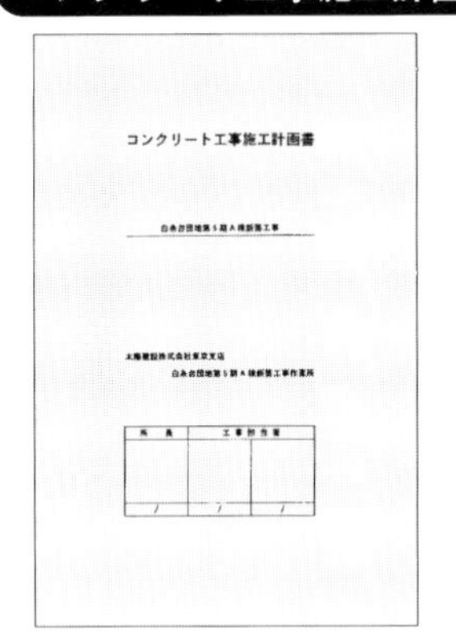
コンクリート工事施工計画書

記載する項目
- 工事概要
- 設計仕様，要求品質
- 品質管理組織
- 業務フロー
- 工事責任区分
- コンクリート工程表
- コンクリート打込み計画及び実施記録
- その他

◎建築工事監理指針（国土交通省大臣官房官庁営繕部監修）では，コンクリート工事の施工計画書の記載事項は，おおむね次のとおりとしています。

① 工程表（計画調合書の提出，試し練り，型枠組立て，コンクリート打込み，支柱取外し等の時期）
② 計画調合書（配合計画書），計画調合の計算書
③ コンクリートの仕上がりに関する管理基準値，管理方法等
④ 仮設計画（排水，コンクリートの搬入路等）
⑤ 打込み量，打込み区画，打込み順序及び打止め方法
⑥ 打込み作業員の配置，作業動線
⑦ コンクリートポンプ車の圧送能力，輸送可能距離の検討
⑧ コンクリートポンプ車の設置場所，輸送管の配置及び支持方法
⑨ コンクリート運搬車の配車
⑩ 輸送が中断したときの処置
⑪ 圧送後，著しい異状を生じたコンクリートの処置
⑫ 打継ぎ面の処置方法
⑬ 上面の仕上げの方法（タンピング）
⑭ 打込み後の養生（暑中，寒中）
⑮ コンクリートの補修方法
⑯ 供試体の採取（採取場所，養生方法）
⑰ 試験所

＊巻末付録に施工計画書の例を掲載しておきますので参考にしてください。

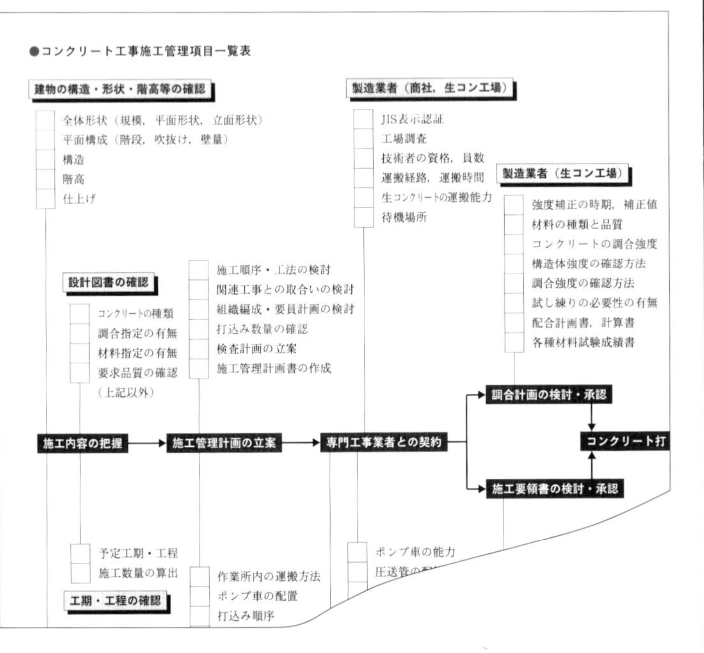

うーん
チェックは図面や
仕様を十分理解
してないと
できないんですね！
ましてし
計画書作成とも
なると…
自分一人で作成でき
るようになるのは
大変だなァ!!
その通りさ!!

だけど…
コンクリート工事係を
担当したその時から
コンクリート工事管理業務を
実際にやりながら
勉強し、内容を
しっかりつかんでいけば
1年も経たないうちに
コンクリートの施工に
関してはセミプロくらい
にはなれるよ！
はい！
頑張ります!!

それから…
大事なことが
もうひとつ!!
どきりん…!

コンクリート工事
施工計画書を
しっかり把握して
おけと言ったけど
立派な技術者に
なるためには
自分の担当のことだけ
考えてればいいって
もんじゃないんだ!!
ほかのあらゆる
計画も把握して
いる工事係に
ならなければなら
ないってことを肝に
銘じてほしいな!!

「まァ坂本くんは
新入社員だから
2、3年のうちに…
ってとこかな!」
なあんてプレッシャーを
かけながら
全体計画が読みとれる
全体工事工程表と
総合仮設計画図を
説明してくれる
勝係長です

解説コーナー 9-1

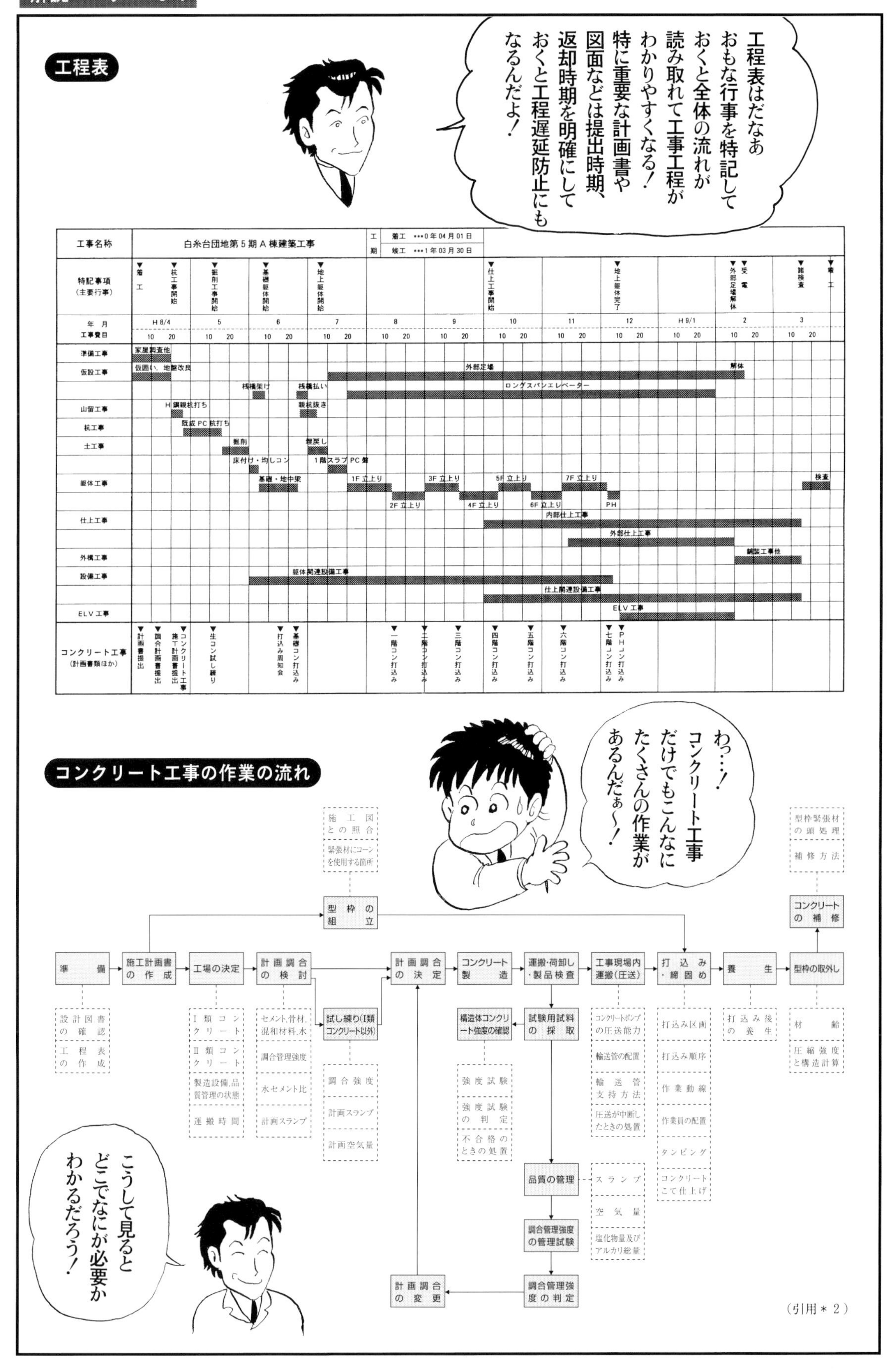

（引用＊2）

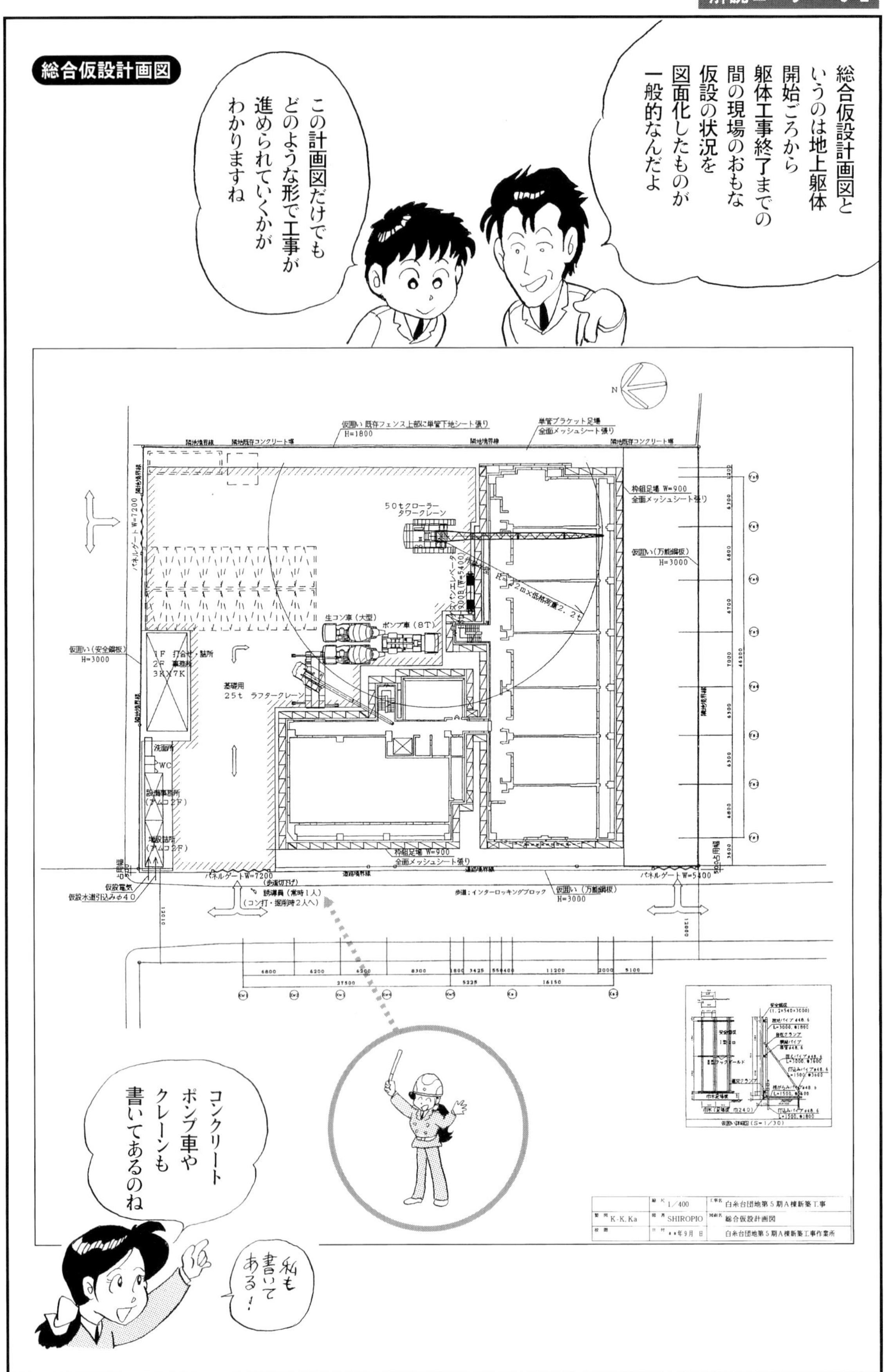
総合仮設計画図
総合仮設計画図というのは地上躯体開始ごろから躯体工事終了までの間の現場のおもな仮設の状況を図面化したものが一般的なんだよ
この計画図だけでもどのような形で工事が進められていくかがわかりますね
50tクローラー タワークレーン
生コン車（大型）
ポンプ車（8T）
基礎用 25t ラフタークレーン
仮囲い（万能鋼板） H=3000
枠組足場 W=900 全面メッシュシート張り
白糸台団地第5期A棟新築工事
総合仮設計画図
白糸台団地第5期A棟新築工事作業所
コンクリートポンプ車やクレーンも書いてあるのね
私も書いてある！

おおい！
まだ頑張ってんのか？
あっお帰りでしたか？
まあだいたい説明しましたがあとはやっていくうちに体で覚えますからね！

そうだな…
俺もはじめのころは……
……ん？
どうした？
元気ないな
あのー腹減っちゃって…

そーいや
そーだな
なにかとるか？
いや…俺のなじみの寿司屋に連れていくから
二人とも片付けろ!!

寿司ィ？

いろ波

なじみの
回転寿司ネ

腹減ったときはこいつにかぎるぞ！なにしろ注文せずにすぐ食える！おまけに…
「ハンバーガーより早い！」でしょ

そっそーすね確かに！

さっき言いかけた話だがまあこの際、俺の体験を通じてぜひ君のような若手社員に早く自分のものにしてほしいと思っていることを話しておこう！
んぐ
はっはい!!

先人の知恵は聞いておくもんだ
いやな顔せずに！
し…してますかァ？

回転する寿司の流れのようにとめどなく語られた所長の体験談！
ズバリまとめると次の4つです！坂本くんはしっかりつかんだかしら？

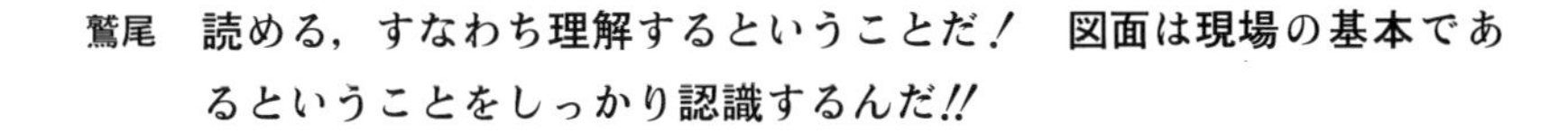

鷲尾　読める，すなわち理解するということだ！　図面は現場の基本であるということをしっかり認識するんだ!!

坂本　図面を広げて職人さんと話が通じるようにするってことですね

鷲尾　それは通過点だな。本当の意味で人を動かす力がつくのは，図面を見なくても説明できるようになってからだ！

坂本　見なくてもですかァ？

鷲尾　現場でたまたま図面を持っていなかったときに，職人さんからわからない部分を聞かれたとする。そのときあわてて事務所に戻って調べて，それから指示するようでは遅いんだよ。

勝　うん，作業がストップしてしまうし，職人さんを遊ばすことになるからね。

鷲尾　俺が主任になる前だったかなあ，ある現場でエントランスホール脇の納まりを聞かれたとき，込み入ったところだったが図面を見ずに意匠的な納まりと構造上の力の流れを説明した。それからだな，彼らから一目置かれるようになったのは。俺も大いに自信となったもんだ！

勝　それだけ，自分のつくる建物に精通しておけ，っていうことだよ。

坂本　はーい！　頑張ります!!

鷲尾　単に図面をもとに数量が拾えるということではなく，その数量にともなうさまざまな数値がはじき出せるということだ！　人員，材料，時間，金…。

勝　歩掛かりを身につけろ！　ということだよ。

坂本　歩掛かり…？

突然ですが，ここでの説明は事例をわかりやすくするために，5章の話を引用させていただきます。あとでしっかり読んでね！

勝　たとえば，打込み数量と時間の関係で，時間当たり30m³で打って何時間かかったか？　型枠工の員数・鉄筋工の員数・左官工の員数，打込み終了後のコンクリート押さえにかかった時間，使用した資材など…打込みしたコンクリートm³当たり，また打込み面積当たりの数値はいくらになるか？　っていう読み方を早く身につけてくれっていうことだよ！

坂本　なるほど…

勝　つまり，打込み量220m³のコンクリートでもこれだけのことがわかるわけだ！　次の計画をするときや見積りをするときに大いに参考になるだろ？

坂本　そっかぁ！

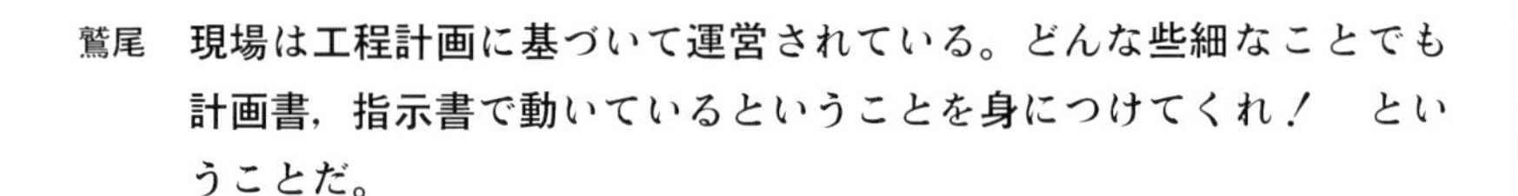

鷲尾　現場は工程計画に基づいて運営されている。どんな些細なことでも計画書，指示書で動いているということを身につけてくれ！　ということだ。

勝　そうですね。多くの人と資機材で錯綜している現場では，ちょっとした計画や指示の食い違いで大きな問題に発展しやすいですからね。

坂本　……

鷲尾　事故は，事故に遭遇した本人の不幸ばかりでなく，家族や同僚への不幸にもなる。

勝　そうですね。ちょっとした事故でも現場の雰囲気が暗くなるし，工程遅延の問題にもつながりますからね。

鷲尾　そういうことだ！　君はまず，整理整頓と指差し確認からだな！

わさび

ホゲギャガァ
ハッ
ホテル デアトル
回転寿司
GAME
さくらや
さくらや

4 章
コンクリート打込み前の準備と検討

今日も順調に
工事が進んでいます
白糸台団地
第5期作業所では
基礎コンクリート
打込みを3週間後に
控え、坂本くんが
勝係長の指導を
受けながら
躯体図を広げて
打込み予定部分の
コンクリートの数量
拾いを行っています
コンクリートの
打込みごとに
数量を拾う
とは思いません
でしたよ
なんで?

コンクリート工事
施工計画書の
コンクリート数量
欄に
基礎450m^3
1階380m^3…って
記載されてますよね？

なんでわざわざ
もう一度数量を
計算しなきゃいけな
いんですか？

それは
概算数量と
解釈したほうが
いいな

実際には
設計事務所と
いろいろと打合せや
チェックを受けた
施工図で工事を
進めていることだし
また工区分けをして
打ち込む場合も
生じるからな

あっ
そうか！
ここのG_3大梁は
10㎝ふかしに
なっているから
前の数量より
増えているわけ
ですもんね！

うん！
じゃあ具体的な
生コンの数量の
拾い方について
話をしようか！

生コンの数量拾い

まず!! 積算時と打込み時とでは拾う図面が違うんだ…

●積算時の数量拾い

① 拾い用の図面は，設計図書の構造図を使用する。

② 通常，各階ごとに柱，梁，壁，床を符号別にコンクリート，型枠，鉄筋の順に数量を算出する（これを数量拾いという）。

③ 拾い用紙や集計用紙は，下記のようなものを使用する。

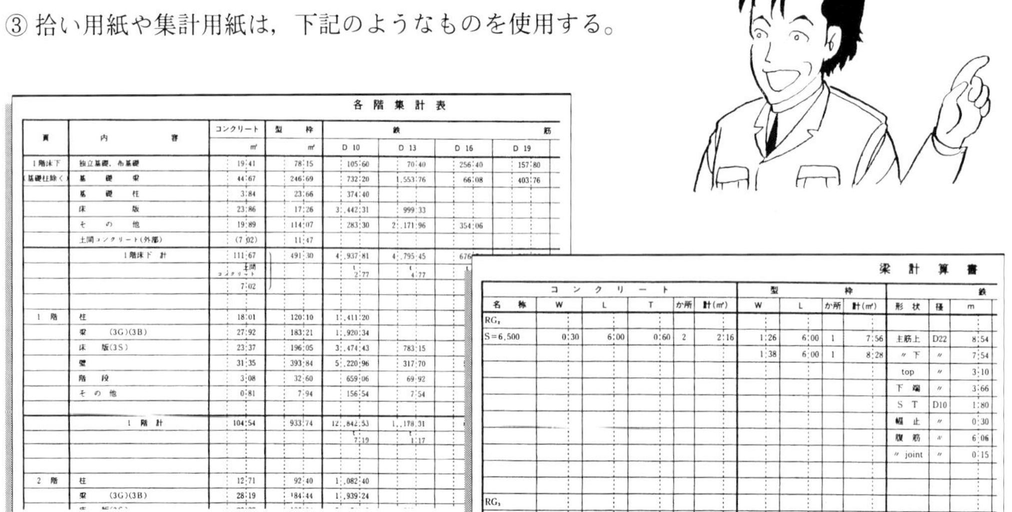

各階集計表

頁	内容	コンクリート m³	型枠 m²	鉄筋 D10	鉄筋 D13	鉄筋 D16	鉄筋 D19
1階床下	独立基礎，布基礎	19.41	78.15	105.60	70.40	256.40	157.80
(基礎柱除く)	基礎梁	44.67	246.69	732.20	1,553.76	66.08	403.76
	基礎柱	3.84	23.66	374.40			
	床版	23.86	17.26	3,442.31	999.33		
	その他	19.89	114.07	283.30	2,171.96	354.06	
	土間コンクリート(外部)	(7.02)	11.47				
	1階床下 計	111.67	491.30	4,937.81	4,795.45	676	
		土間コンクリート 7.02		(2.77)	(4.77)		
1階	柱	18.01	120.10	1,411.20			
	梁 (3G)(3B)	27.92	183.21	1,920.34			
	床版(3S)	23.37	196.05	3,474.43	783.15		
	壁	31.35	393.84	5,220.96	317.70		
	階段	3.08	32.60	659.06	69.92		
	その他	0.81	7.94	156.54	7.54		
	1階計	104.54	933.74	12,842.53	1,178.31		
				(7.19)	(1.17)		
2階	柱	12.71	92.40	1,082.40			
	梁 (3G)(3B)	28.19	184.44	1,939.24			

梁計算書

名称	コンクリート W	L	T	か所	計(m³)	型枠 W	L	か所	計(m²)	鉄筋 形状	径	m
RG_1												
S=6,500	0.30	6.00	0.60	2	2.16	1.26	6.00	1	7.56	主筋上	D22	8.54
						1.38	6.00	1	8.28	〃下	〃	7.54
										top	〃	3.10
										下端	〃	3.66
										ST	D10	1.80
										幅止	〃	0.30
										腹筋	〃	6.06
										〃 joint	〃	0.15
RG_3												
S=6,450	0.30	5.60	0.60	1	1.01	1.38	5.60	1	7.73	主筋上	D22	7.12
										〃下	〃	6.62

●打込み時の数量拾い

① 拾い用の図面は，当該階の躯体図を使用する。

② 通り芯ごとに柱，梁，壁，床の数量を符号別に拾う。

③ 拾い用紙のコンクリート欄を使用して拾い，集計する。

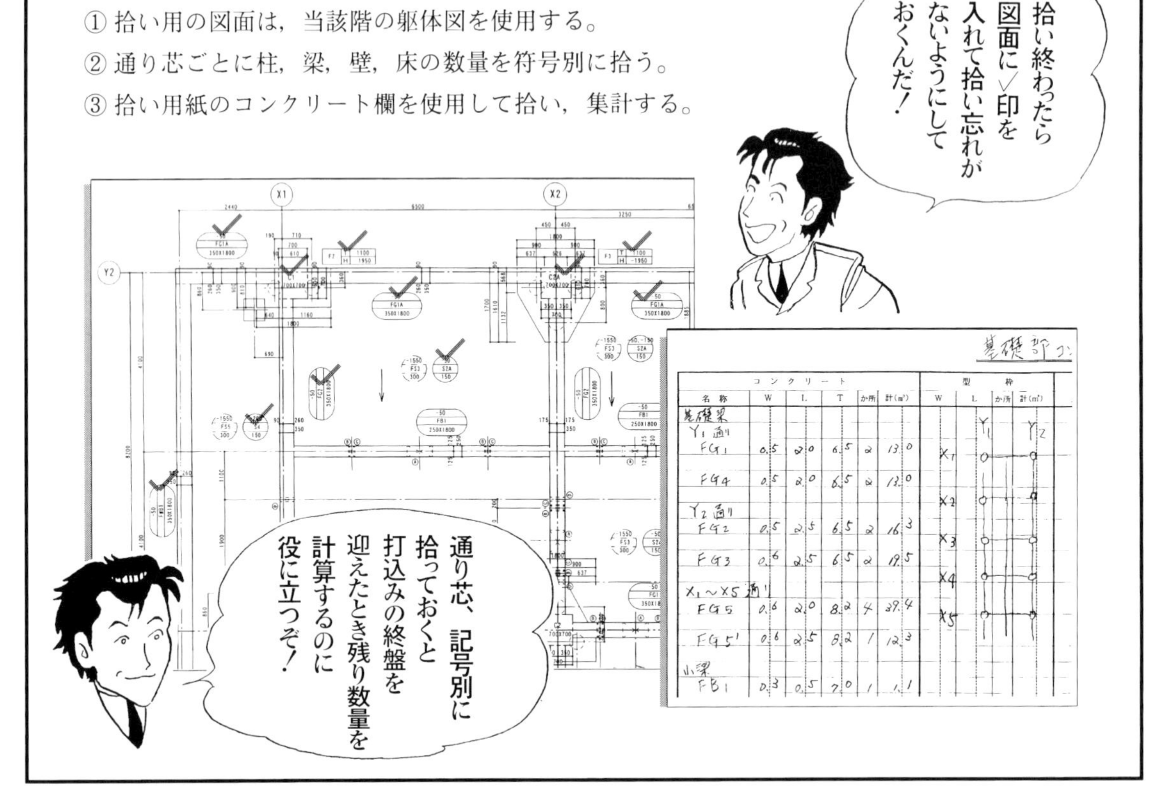

基礎部コン

名称	コンクリート W	L	T	か所	計(m³)	型枠 W	L	か所	計(m²)
基礎梁									
Y_1通り									
FG_1	0.5	2.0	6.5	2	13.0				
FG4	0.5	2.0	6.5	2	13.0				
Y_2通り									
FG_2	0.5	2.5	6.5	2	16.3				
FG3	0.6	2.5	6.5	2	19.5				
X_1〜X5通り									
FG5	0.6	2.0	8.2	4	39.4				
FG5'	0.6	2.5	8.2	1	12.3				
小梁									
FB_1	0.3	0.5	7.0	1	1.1				

勝さんから学んで
コンクリート工事係としての自信が湧いてくる気がする！

ぐん！

どうした？
いや　なんでもありません…

さあ次は打込み計画書だ!!
すごーい！なんかワクワクしますね!!

そうだよ打込み計画書ともなると
打込み場所ごとにより具体的に計画したもので
より具体的になる分けっこう楽しいものなんだよ！

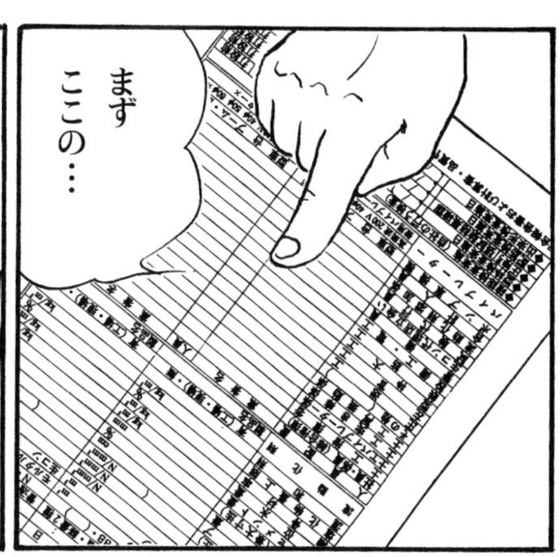
まずここの…

関係者の確認と打込み方法だけど…

打込み計画書の作成

直近のコンクリート打込み日を設定した後，コンクリート工事施工計画書に基づき，必ず具体的なコンクリート打込み計画書を作成します。

この打込み計画書は監理者にも提出しますし，また後で解説するコンクリート打込み周知会においても使用します。したがって，建前で作成するのではなく，現実に実施する内容を記載することが大切です。そして，打込み完了後は実施記録として保存するとともにコンクリート工事施工データとして活用を計ります。

書式は施工会社それぞれのスタイルで決まっているようですが，下記に一例を示します。また，巻末付録にも掲載してありますので参考にして下さい。

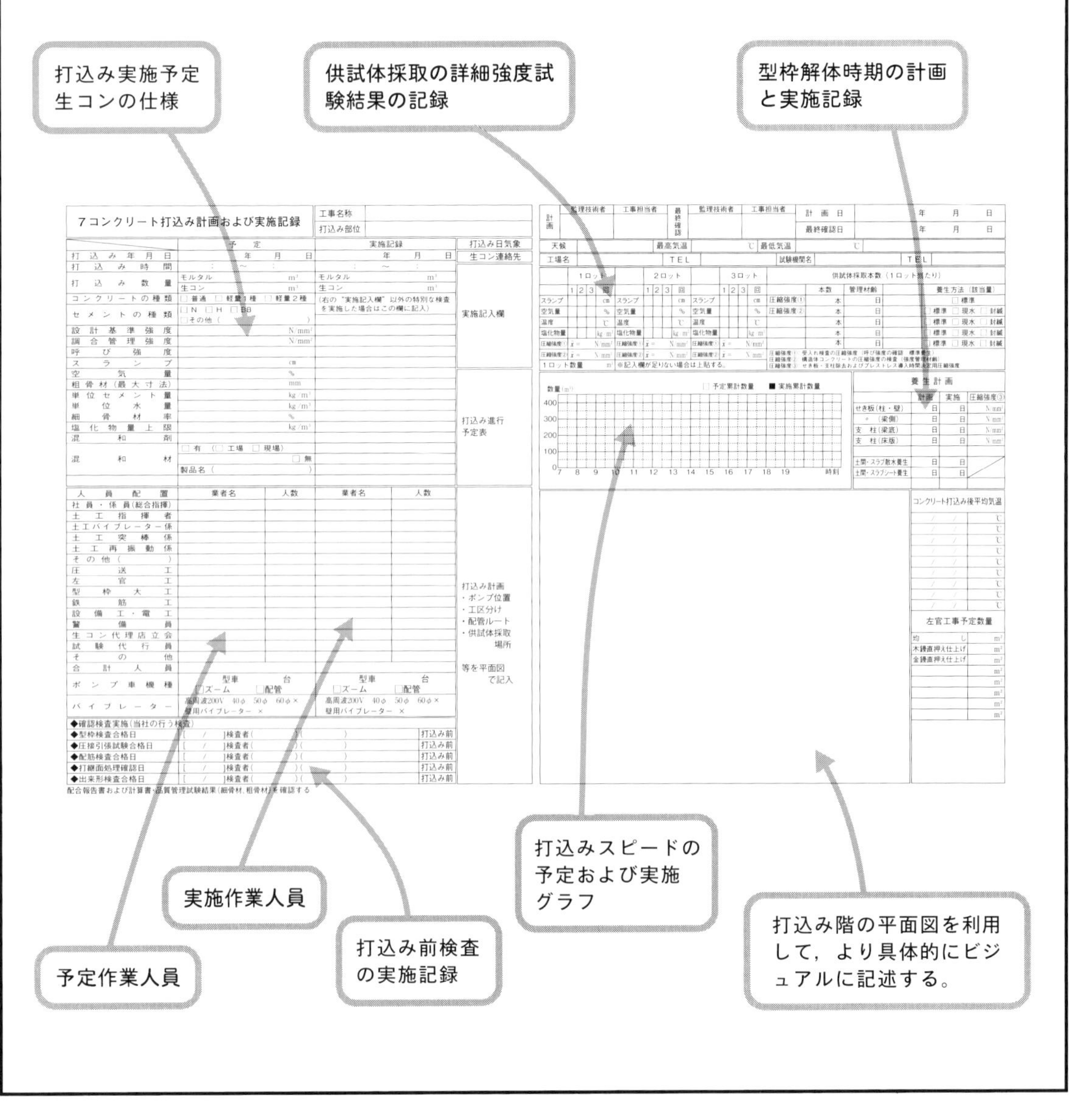

供試体採取に関することはここに記載しておくんだよ!
これだとわかりやすくて忘れることもなくなりますね!
そして数日後
今日は久し振りの雨です
オフィスワークと違い雨の日の現場は大変なんです
さて事務所では…
おーい!!
あの件どうなってる?
あの件……?

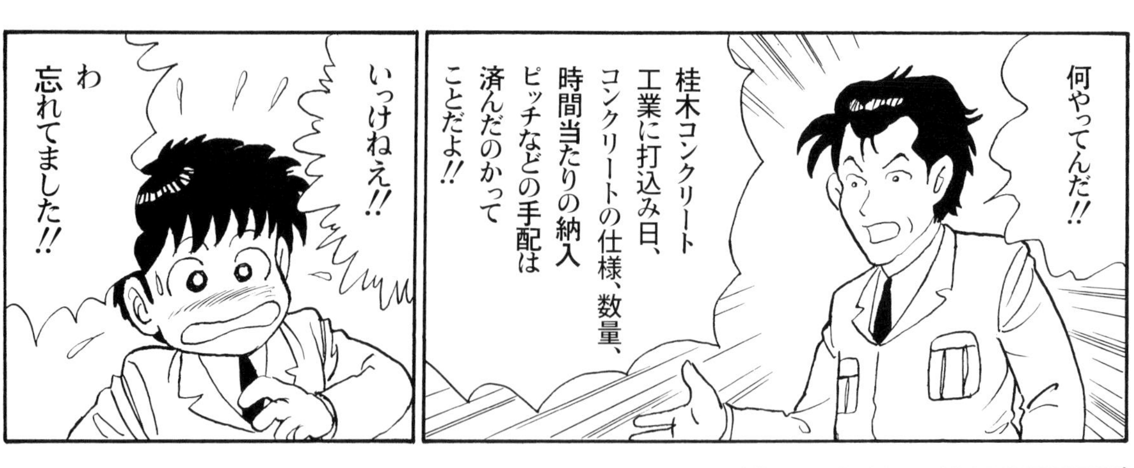
何やってんだ!!
桂木コンクリート工業に打込み日、コンクリートの仕様、数量、時間当たりの納入ピッチなどの手配は済んだのかってことだよ!!
いっけねえ!!
わ 忘れてました!!

すぐ手配します!!
わっ!!
ちょっと待てよ! 今日みたいな日のことも考えてあるんだろうな?
?

今日…というと…
えーっと定例じゃないし…
雨天の場合だよ!
雨の日や作業の進み具合をにらんでのことさ!!

あっ そうか!
が、概略は考えていますけど…

桂木コンクリート工業の出荷係の出川さんとよく打合せしておきます!
本当にわかってんのかよ

雨天時の対策

作業所は，打込み日当日の天候によってコンクリート打込み作業を行うか否かの判断基準をあらかじめ明確に決めておくことが重要です。

また，打込み作業中の予想外の降雨に対する対応策も考慮しておく必要があります。

●コンクリート打込み前の判断

① 前日までの判断

一般に明瞭な判断基準があるわけではありませんが，天気予報で降雨の確率が 50％以上の場合や，一時的にせよ強い雨が予想されている時は，コンクリート打込みは中止するべきです。工程上やむを得ない場合には，監理者の了解を得て実施することもありますが，補修工事が生じることも覚悟しなければなりません。コンクリート打込み区域を完全に養生できれば，強い雨でも打込みは可能ですが，実際には全天候型の仮設設備でもしないかぎり困難です。

② 当日の判断

予報では降雨の確率が低かったにもかかわらず，当日の朝に雨天になった場合もコンクリート打込みは中止すべきです。ただ，当日の天気予報で午前中のほんの一時期だけの降雨といった見通しがつく場合は，打込み開始時間を遅らせる等の措置をとって，様子を見ながら判断します。

●コンクリート打込み中の降雨対策

打込み直後のコンクリート上面に水が溜まると表面部分に水が混じり，その部分の水セメント比が大きくなり，強度低下，乾燥収縮の増大，耐久性の低下等をきたします。

したがって，打込み中に降雨を受けた場合は，コンクリート打込みの進捗状況を勘案して，以下のような対策が一般的に行われます。

① 降雨量が 1 ～ 5 mm/h 程度の場合

集中的に降らないという条件で，呼び強度でワンランク上のコンクリートを打ち込むとか，コンクリート天端を高めに打ち込むなどの処置が採られることがあります。また，打込み済み部分をシートで養生し，さらにコンクリート表面に雨水が溜まるような場合は，ウエスやスポンジで排水したり，雨水が流れるだけの勾配を設けて排水する方法が採られます。

② 降雨量が 10mm/h 以上になった場合

打込み作業は，即中止です。後日の再開時を考慮して表面を養生したのち，柱部分では型枠にドリルで横穴を開け，コンクリートの上に溜まった水を除去するようにします。

勝係長のチェックが入って大きな失敗をせずに済んだ坂本くん
桂木コンクリート工業の出荷係の出川さんと電話で話ができました

なんだかまだまだ心配ですね…
ところで打込みまであと1週間に迫った日関係者全員によるコンクリート打込み周知会が開かれ
坂本くんも真剣に取り組んでいました

6月中旬の第5期作業所会議室——

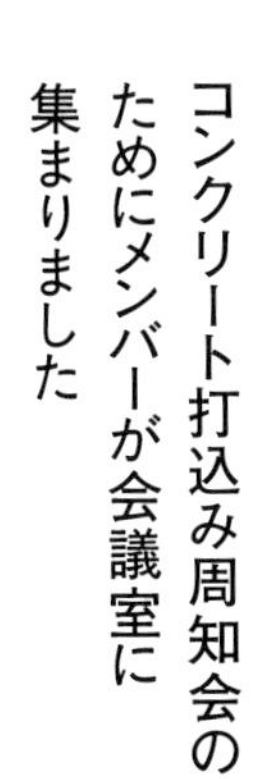
コンクリート打込み周知会の
ためにメンバーが会議室に
集まりました

伊井商事の伊藤さん
（受入れ担当）

土田建設の職長
土井さん（打込み担当）

辺仁亜建設の職長　辺見さん
（型枠担当）

丸鉄工業の職長　丸山さん
（鉄筋担当）

プッシュ圧送の職長　押野さん
（コンクリート圧送担当）

設備工の職長
（設備配管類担当）
左官工の職長（コン
クリート押さえ担当）

それでは打込み計画についてご説明します！

打込み周知会

コンクリート打込み周知会は，コンクリート打込み予定日の１週間程度前に行います。打込みに直接携わる関係者に集まってもらい，作業所側で計画・検討した具体的な打込みの段取りや計画を説明し，またそれぞれの関係者からも意見を出してもらい，より練り上げられた計画にするとともに，その計画を周知徹底させるのが目的です。

打込み周知会では，解説コーナー 11 で説明した「打込み計画書」をもとに，より具体的な作業上の課題や不明点を，実際に作業する協力会社の職長の目で検討してもらうとともに，各職長間の連携を確認します。

コンクリート打込み周知会における検討・確認事項

- どの場所を，どういう順番で打ち込むか
- どの高さでいったん止めるか
- 吹出し部の対策はどうするか
- 昼休みをどのタイミングでとるか
- 締固めの際，最も注意しなければならない箇所の確認
- 不具合の発生が懸念される部分の確認
- 安全作業の確認
- その他

出席する協力業者，業種

- 土工（打込み・締固め・鉄筋清掃・養生関係）
- ポンプ工（コンクリート圧送）
- 左官工（コンクリート押さえ）
- 型枠工
- 鉄筋工
- 設備工（電気・衛生・空調）
- 生コンデリバリー（受入れ，工場連絡）
- 試験代行業者（必要時）

これで打込み計画の説明は一通り終わりましたが…
説明によると打込み順番がA→B→C→Dとなっているけど
吹出しの多いD側の耐圧盤を先に打ち込んでからAに戻って次にB→C
そしてDとしたほうがトラブルが少なくて済むんじゃないかと思うんだけどね
打設順番の変更をお願いできませんか？
それもそうだ！
いいんじゃないか
賛成だね！
同意の意見が多く土井さんの意見が採用されました
打込み周知会って打込みの段取りの説明だけじゃないんだ
こんなに皆 作業効率や品質のことを考えているなんて
僕もぼんやりしてられないぞ！
もっと自分の仕事として真剣に取り組んでいかなくちゃ！

―では当日晴れることを願って
皆さんよろしくお願いします!!

お疲れさまーっ!!
あ、お疲れさまー!!

今日は早いんじゃない?

明日、役所の配筋検査だから
朝早く出社してもう一度チェックしようと思って!

そうだねえ
近所のおばさんが
よく言ってたもんね

「坂本さんちの
凌はマが
抜けてるから
念を入れて
おかなくっちゃ」
って！

くー
やめてくれよ！
せっかく
坂本なんだから
竜馬にして
くれればよかっ
たんだ！
親父のやつぅー!!

何を今さら
でもまっ
「間」って大切な
ことよ！

あり過ぎても
いけないし
ないのも問題だ
けど…
適度な「間」には
心が入るってね！
これって茶道で
会得したことだけど
いろいろな状況で
言えることだと
思うよ！

…「間」か
そうだね
余裕をもって
チェックするとか
配筋のあきとか
…!!

利休サンキュー!!
コラコラ
オヤジギャグ
だよ
まったく
いつまで
たっても
ノー天気
なんだから…

打込み前検査

検査は
コンクリート
打込み前の重要な
イベント
なんだよ!!

コンクリート打込みにあたっては当たり前のことですが，打ち込む部位の型枠，鉄筋工事，設備関連の配管工事やスリーブ入れが完了していることが前提になります。

それでは，そうした工事が打込み直前までに終わればよいかといえば，そうではありません。工事確認検査の時間が必要なのです。

つまり，

配筋検査：鉄筋が構造図の仕様どおりに組まれているか

型枠検査：型枠が躯体図に従って正確に，かつ堅固に隙間なく組み立てられているか

設備検査：埋込み配管や設備関連事項にもれがないか

などの検査のための時間が必要となります。

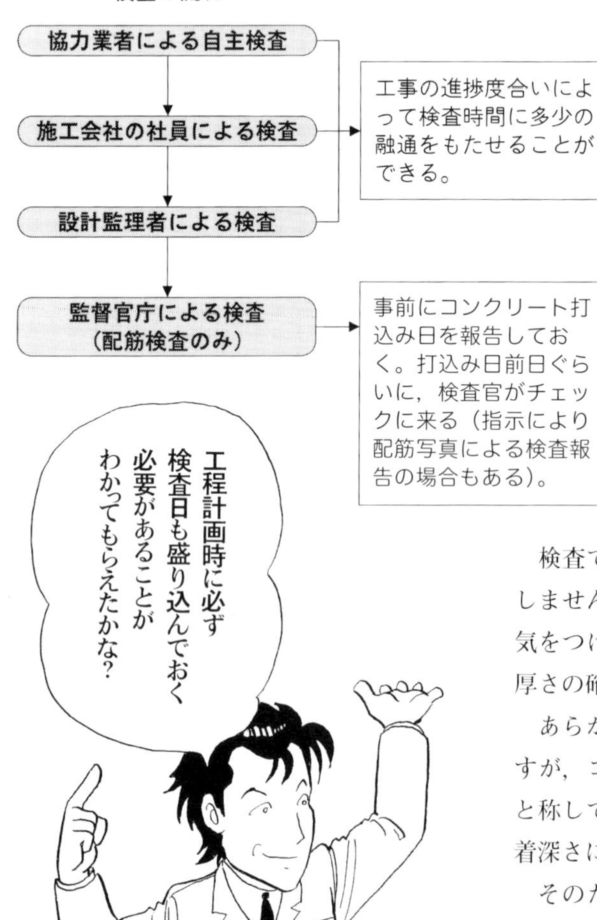

コンクリート打込み前検査

検査での具体的なチェックポイントはここでは示しませんが，コンクリート打込みにからんで，特に気をつけなければならないことに，鉄筋の「かぶり厚さの確保」とともに「差し筋」があります。

あらかじめセットできる差し筋は問題が少ないですが，コンクリートを打ち込みながら，“田植え”と称して設置していく差し筋などは，その位置や定着深さにおいて，大いに問題となりやすいのです。

そのため田植え方式は行わないのが原則であり，事前にセットするよう工程配分，時間配分等に気をつけなければなりません。

熱心なチェックや
設計事務所による
指摘事項の手直しなどの
かいあってか役所の
検査も合格でした
そしてコンクリートの
打込み前日――
1
安全通路
鉄筋・型枠
土工の職長とともに、
勝係長と
坂本くんは打込み
個所を1か所ずつ
確認して回りました
品質確保は
もとより作業性や
安全面も含めての
最終チェックだけに
皆さん
真剣そのもの!!
坂本くんも
だんだんいい顔に
なってきた
じゃない!!
ん!?
あら～!

豆知識

◆コンクリート打込み時に使用する車両◆

1 ポンプ車

ポンプ圧送形式により，スクイズ式とピストン式があります。

①スクイズ式：車両重量が2～4tのブーム式ポンプ車に使われているのが主流で，多くは住宅用のコンクリート打込みに使用されています。

②ピストン式：車両重量が4t以上のポンプ（ブーム式，配管式，定置式）に使われ，多くの建設工事のコンクリート工事に使用されています。最も一般的なのが，ピストン式のブームポンプ車です。

ブーム式ポンプ車の最大地上高さ能力

ポンプ車には，車両重量で8t，16t，20t，22t，25t等の種類があります。日本のメーカーのブーム最大地上高さの能力をもったポンプ車は，現在のところ車両総重量25t・ブーム最大36mのものです。

ポンプ圧送の最高高さ

建築工事における建物でのコンクリート工事ポンプ圧送の最高高さは，現在のところ大阪市に建設されたあべのハルカス施工時における，定置式ポンプ圧送機による300mです。

2 生コン車

通称「生コン車」と呼んでいますが，そのほかにミキサー車・アジテーター車などとも呼ばれます。生コン工場から現場まで，生コンクリートが硬化しないようかくはんしながら搬送する運搬車です。

生コン車の車種は，生コン積載数量呼称で区別されています。通称，2m³車，3m³車，4m³車，5m³車等の車両があります。

5 章
コンクリート打込み管理

そしていよいよ
基礎コンクリート
打込みの日を迎え
ました――
さて今回は
ドキュメンタリー
風に進めて
みましょう！

太陽建設
独身寮――

JUN.22.0000 5:00 am プロローグ

オハヨー！
アサダヨ！
オハヨー！
アサダヨ！
5:00

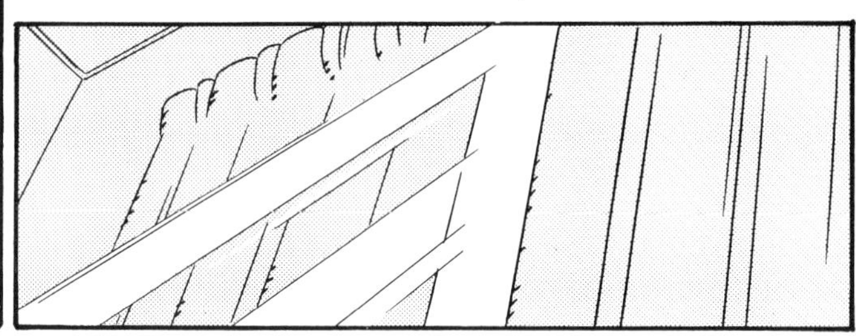

オハ…！
カチッ

うーん
オハヨー
…
おっ!?

やったー!!
いい天気だ！
よーし!!
今日は
頑張るぞー!!

＊下段左のコマのシーンについて：現在では，事業者は空気環境におけるタバコの煙や臭いについて，労働者が不快と感じることのないよう維持管理し，必要に応じて作業場内における喫煙場所を指定するなどの喫煙対策を講ずることとされています。

＊上段右のコマのシーンについて：現在では，事業者は空気環境におけるタバコの煙や臭いについて，労働者が不快と感じることのないよう維持管理し，必要に応じて作業場内における喫煙場所を指定するなどの喫煙対策を講ずることとされています。

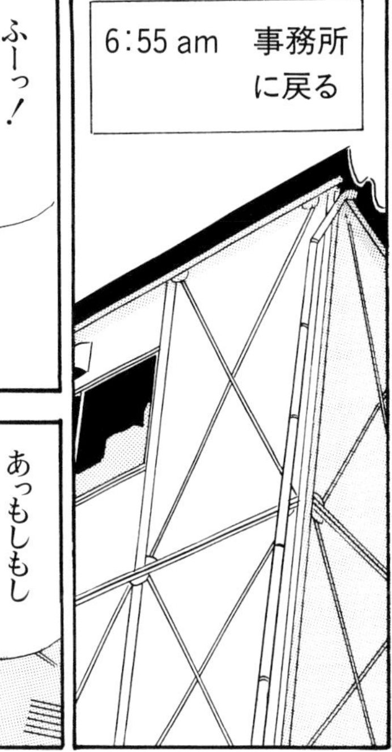
6:55 am　事務所に戻る

ふーっ！
さて桂木コンクリート工業に連絡っと…
出荷係は…
出川さんだ！

あっもしもしおはようございます！
太陽建設白糸台団地第5期工事作業所ですが本日の件予定通り8時着でモルタルから出荷して下さい！
…時間30m^3総打設予定数量215m^3、210m^3で連絡を待ってください！
…ではよろしく!!

ガチャ…

あれとあれと…

これとこれと…

よしっ！漏れなくOK!!

俺ってやればできるじゃん！
いいぞ！いいぞ!!

順調だぞ!!

7:00 am 勝係長出社
打込みまであと1時間
おはよう……
!?

早出作業の段取りはいいな?
あっ おはようございます 順調です!

よし朝礼の準備に入るぞ!

打込み準備者を除いての朝礼です
勝係長はラジオ体操の後掲示板に計画図を貼って手際よく説明しています 打込みまであと30分です!

直前にも安全を含めて打込みの段取りについて関係者全員で確認するのか…
ドクーン
ドクン
いつか僕も勝さんみたいに指導するんだな…
チラッ
いよいよだな!
ドクーン
ドクーン
——以上です それでは安全に気をつけて作業についてください!

ふーっ
ぶるぶるっ
武者震いッ！

それじゃあ
俺はポンプ車の
ところに行くから
坂本は筒先の
所に行って
くれ！
はい!!

うん昨日準備した
打込み順序を示す
看板目立ってる
ね～！
よし！
3

型枠の
水洗いも…
よし！
作業員の
配置も…
よし！
廃棄用の
舟も…
よし！

7:55 am　生コン車到着　打込み5分前

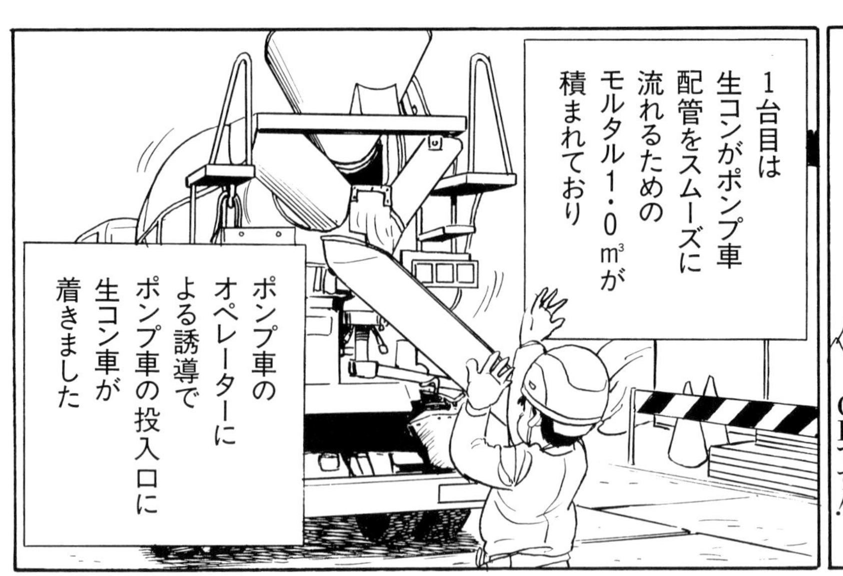

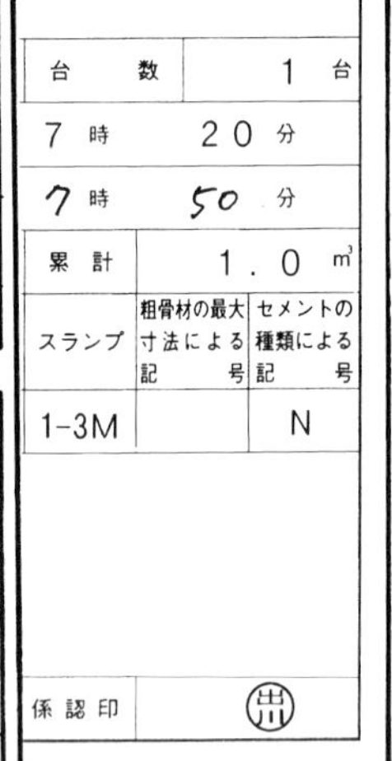

台数		1台
7時	20分	
7時	50分	
累計	1.0 m³	
スランプ	粗骨材の最大寸法による記号	セメントの種類による記号
1-3M		N
係認印	出川	

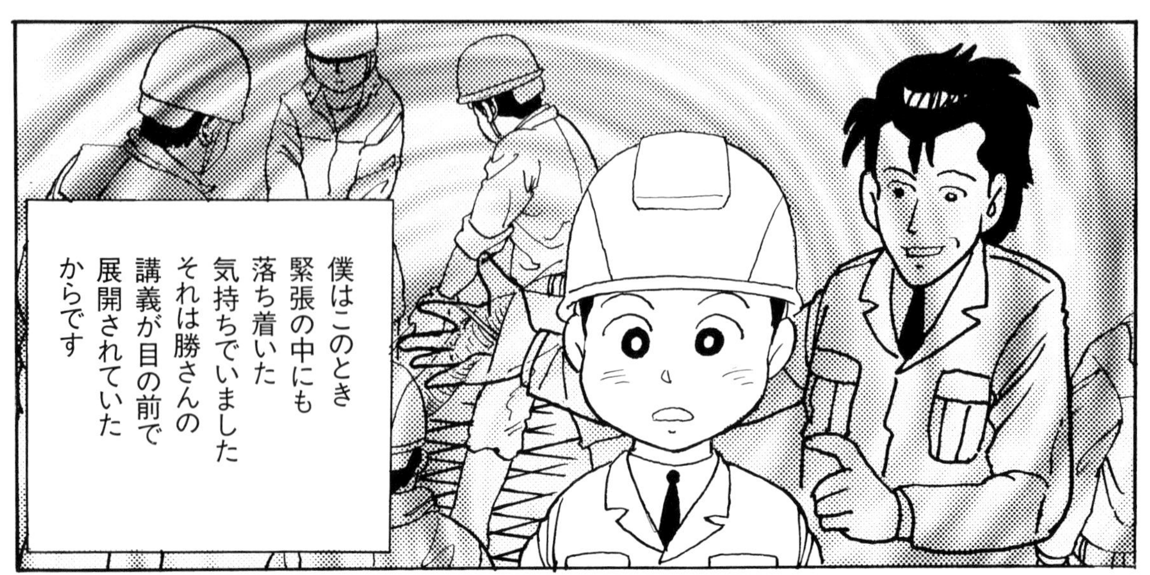

*上記のレディーミクストコンクリート納入書は平成21年当時に使用されていた書式です。平成22年4月1日より納入書の書式が変更されました(83ページ参照)。

この先送り
モルタルは
すべて打ち込まずに
廃棄するように
舟が用意されて
います
僕はこの
作業をしっかりと
作業員に指示し
そして処理を確認
しました
いよいよ2台目
からの所定の
コンクリートが
筒先から流れ
始めました！

そろそろ
受け入れ検査と
第1回目の
構造体コンクリート
強度確認用供試体の
採取を行うから
立会いに
戻ってきてくれ！
今のところ
生コン車は
順調に到着
しています！
了解
しました！
すぐ戻り
まーす！
府中建築事務所の
山中さんもいつもより
早めの出勤で
ポンプ車の所で
立ち会っています
これから受入れ
検査と供試体の
採取が始まる
ようです

おっ坂本くん
戻ってきた！
戻ってきた!!
山中さん
おはよう
ございます！
現場の方は
順調です！
おはよう！
今日は頼むよ!!
はい！
そろそろ
始めま
しょうか！
坂本、カメラを
頼むぜ！
それじゃ
中岡さん
お願い
します！
坂本くんは
言われるままに
写真を撮るのが
精一杯！
そんな坂本くんの
ためにここで
勝係長の講義と
なりました

受入れ時の検査・確認

1 コンクリート工事開始前におけるコンクリートの確認

おもに配合計画書により確認します。

〈工事開始前確認項目〉
- コンクリートの種類
- 呼び強度
- 指定スランプ
- 粗骨材の最大寸法
- セメントの種類
- 骨材の種類
- 混和材料の種類
- 水セメント比
- 単位水量
- 単位セメント量

2 打込み当日に納入されるコンクリートの検査・確認

①納入書による確認

受入れ生コン車ごとに，発注時の指定事項に適合していることを納入書により確認します。通常は，打込みスタート時，およびその後随時施工会社社員が確認し，その他をデリバリー商社の担当者（ここでは伊井商事の伊藤さん）やポンプ車のオペレーターなどが確認します。

〈打込み当日確認項目〉
- 輸送時間
- 納入容積
- コンクリートの種類
- 呼び強度
- 指定スランプ
- 粗骨材の最大寸法
- セメントの種類

②受入れ検査用供試体採取による確認

納入コンクリートのワーカビリティー，スランプ，空気量，コンクリート温度，塩化物量等の実測による確認と，その後に行われる採取した供試体強度試験により確認します。

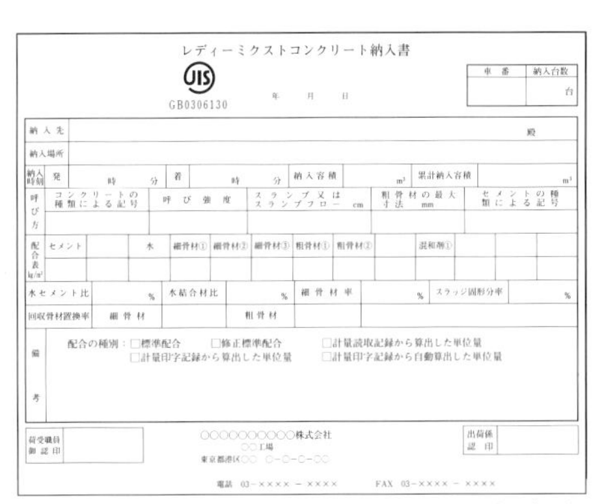

レディーミクストコンクリート納入書

JIS GB0306130　　年　月　日

車番	納入台数
	台

納入先	殿
納入場所	

納入時刻	発	時 分	着	時 分	納入容積	m³	累計納入容積	m³

呼び方	コンクリートの種類による記号	呼び強度	スランプ又はスランプフロー cm	粗骨材の最大寸法 mm	セメントの種類による記号

配合表 kg/m³	セメント		水	細骨材①	細骨材②	細骨材③	粗骨材①	粗骨材②		混和剤①			

水セメント比	%	水結合材比	%	細骨材率	%	スラッジ固形分率	%
回収骨材置換率	細骨材		粗骨材				

備考　配合の種別：□標準配合　□修正標準配合　□計量読取記録から算出した単位量
□計量印字記録から算出した単位量　□計量印字記録から自動算出した単位量

荷受職員御認印

○○○○○○○○○○株式会社
○○工場
東京都港区○○　○-○-○-○○
電話 03-××××-××××　FAX 03-××××-××××

出荷係認印

レディーミクストコンクリート納入書（例）

この試験はすべて施工者側が行うべきものです。もし他社に代行させて行う場合には，必ず立ち会って確認する必要があります。

はい特に
問題は
ないですね
この状態で
打込みを
続けて
ください！
立会い
ありがとう
ございました！
2回目は
10時頃
行います
その時は
坂本一人で
やらせますので
ひとつよろしく
お願いします！
きんちょー！
……
了解！
了解!!
坂本くん
頼むよ！
はっはい！
じゃあ現場の
ほうで立ち会って
おいてくれ！
そうだ！
締固めで特に
バイブレーターの
位置には目を
光らせてくれよ！
はい！
えっ…
位置？
わからんか？

締固めの重要性

ここでは，坂本君がまだ締固めの重要性を理解していないようなので，基本事項と締固めに用いる道具の説明をします。

近年，締固め不要コンクリート（高流動コンクリート）も登場し，コンクリート打込み時に締固めせずに型枠の隅々まで充てんすることも可能になってきています。しかし，一般のコンクリートを使用する場合は締固め作業が必ず必要になります。

その目的は以下を満足させることです。

① 型枠の隅々まで，また鉄筋や埋設物の周囲に密実にコンクリートを充てんさせる。
② 余分な巻込みエアーを排除する。
③ 先に打ち込んだコンクリートと後から打ち足すコンクリートを一体化させる。

バイブレーター使用状況

締固めには，下記に示すような，コンクリートに直接差し込んで振動を与える棒形のバイブレーターや型枠に振動を与える型枠バイブレーター等を使います。

バイブレーターはコンクリート打込み部位の条件に合わせてそれぞれ種類を使い分けますが，一般には棒形バイブレーターをメインに使用し，棒形バイブレーターの挿入が困難な部位に型枠バイブレーターや突き棒，叩きを併用します。

●棒形バイブレーター

- できるだけ垂直に挿入，挿入間隔は60cm程度。
- 振動機先端は鉄筋やその他になるべく接触させない。
- 振動時間は打込み面がほぼ水平になり，セメントペーストが浮き上がる程度で，1箇所当たり5〜15秒を目安とする。

●型枠バイブレーター

その器具の使用上の注意に従って使用します。特に，フォームタイのゆるみなどに注意が必要です。

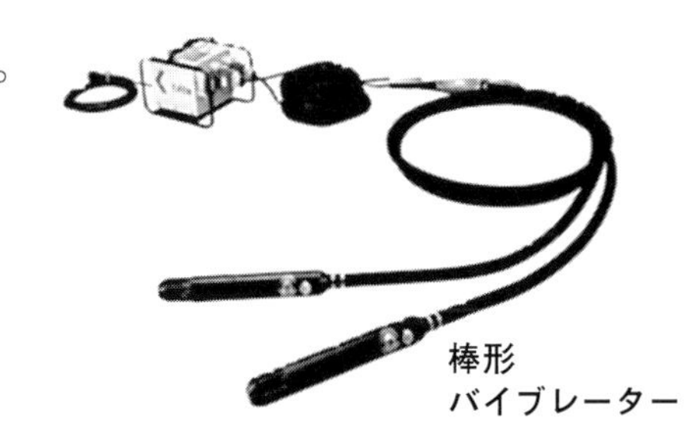
棒形バイブレーター

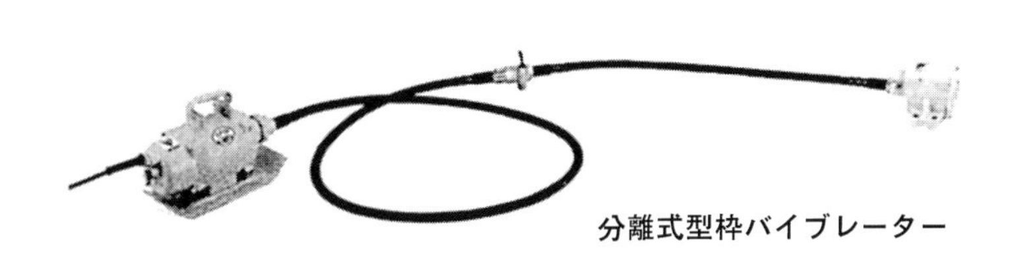
分離式型枠バイブレーター

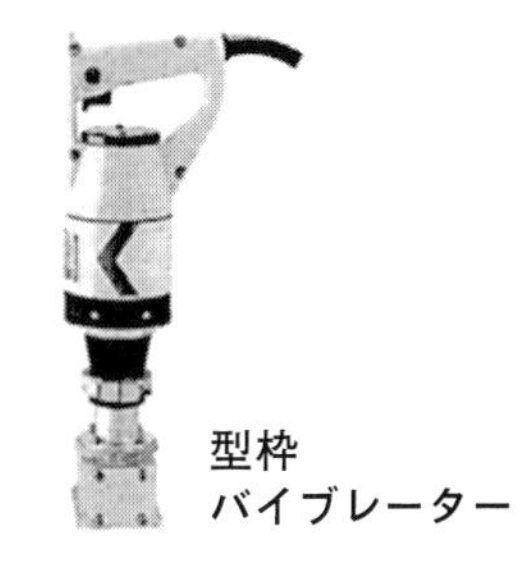
型枠バイブレーター

ゾ〜ッ

ふぅ〜!
恐怖の豆板男?

10:00 am　2回目の供試体採取
ひとりひとり…
今度はひとりっと!

うー緊張するな〜!!
で供試体採取のやり方は…

1セット3本として150m³ごとに異なる生コン車から1本ずつ採取して
合計3本の供試体にするやり方だったな

でも…今回は打込み予定数量が215m³なので
150m³ごとを110m³ごととして20m³頃に1本目

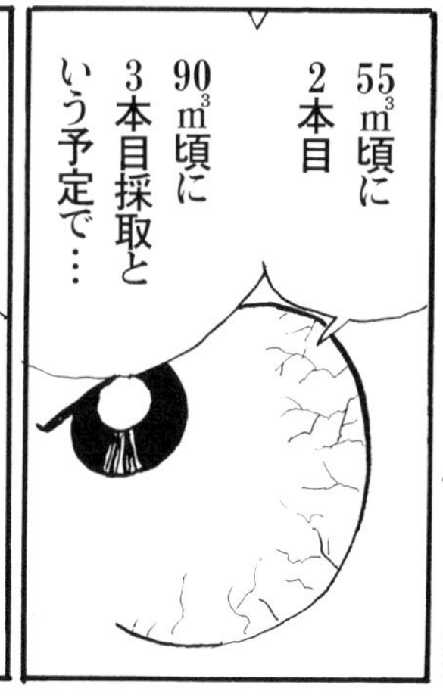
55m³頃に2本目
90m³頃に3本目採取という予定で…

午前中に1セットそして午後1セット準備っと
うーん混乱しないようにしなくっちゃ!

＊現在は，構造体強度確認用試験体の養生も標準養生とされています。

供試体採取方法

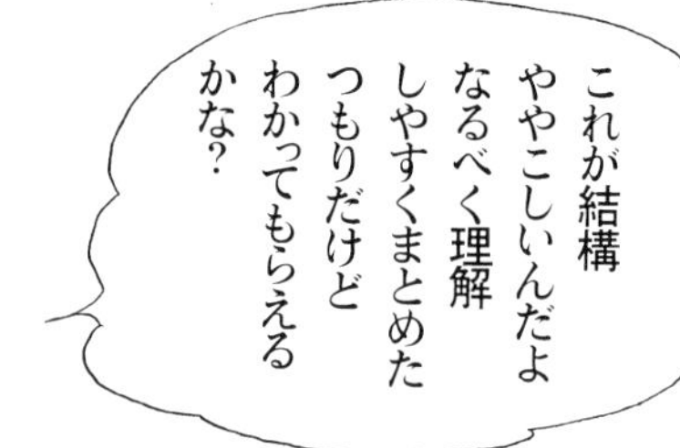

生コン供試体採取基準

		打設数量 $150m^3$（1ロット）ごとに1セット（3本）採取			供試体試験機関	
工場側責任 JIS による	製造管理検査用 必須検査（4週強度確認）	工場が出荷している種類ごとに工場出荷時に1台の生コン車から1セット採取			生コン工場の試験室	
ゼネコン側責任 仕様書による	受入れ検査用 必須検査（4週強度確認）	打込み現場の生コンが注文通りの生コンであるか確認するために，1台の生コン車から1セット採取			生コン工場の試験室他	
	構造体検査用	1セットにつき別々の生コン車から1本ずつ採取				
		1回目 $30m^3$頃	2回目 $80m^3$頃	3回目 $130m^3$頃		
	任意検査（型枠解体確認用）	1本	1本	1本	生コン工場の試験室他	1セット
	任意検査（1週強度確認用）	1本	1本	1本	生コン工場の試験室他	1セット
	必須検査（4週強度確認用）	1本	1本	1本	公的試験機関	1セット

解説コーナー 23でもう少し詳しく説明します。

必ず行わなくてはならない4週強度確認用の供試体採取方法のことであり，この採取の時に現場で任意に必要とする型枠解体用や1週強度確認用等の供試体を一緒に採取しているのが一般的です。

●**受入れ検査用供試体採取の注意点**

受入れ検査用の対象数量は，450 m^3 を1ロットとして 150 m^3 ごとに1台の生コン車から1セット（3本）を採取し，合計で3セット（9本）で強度確認をすることと規定されています。しかし，コンクリートの打込み数量が 220 m^3 などと数量が少ない場合には 150 m^3 ごとの規定採取でいくと6本しか採取できず，9本の規定数量に満たない結果が生まれていまいます。

このように打込み数量が対象数量に満たない場合の採取においては，現場では工事監理者との確認事項としている場合があります。その他に，その少ない数量の中で3セット(9本)採取したりもします。

コンクリート打込みも供試体採取のほうも順調に進んでいます
トプトプ
ふーふー
11：45 amごろ
ずずっ
そろそろ昼休みの時間が近づいてきたけれどコンクリートの打込みはどうするんですかね？
休んでいるとポンプ車の配管は固まって詰まってしまうんじゃ…？

うんいい質問だ
コンクリートが固まってしまうからといって
休まずに打ち込むと休憩時間がなくなって
厳密には労働基準法違反になってしまうんだよ

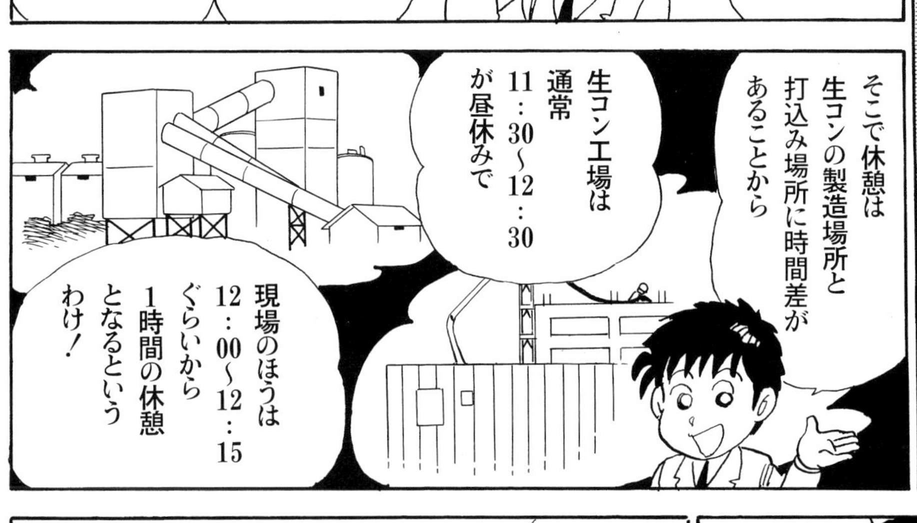
そこで休憩は生コンの製造場所と打込み場所に時間差があることから
生コン工場は通常11：30〜12：30が昼休みで
現場のほうは12：00〜12：15ぐらいから1時間の休憩となるというわけ！

ここで大切なことを一つ!!
ポンプ車の配管対策を講じておくこと！

つまり——配管距離が短いときは
ポンプ車のホッパー分だけでOKだけど…

通常
午前中最後となる生コン車のコンクリートを全部打ち込まず
1㎥ぐらい残し

休憩時間中に15分間隔程度で少しずつ打ち込むんだ!

そうすることで配管内のコンクリートが硬化しないというわけ!
スッ
わかったかな?

誰に向かって話してんだよ

勝さん!

おまえも随分博学になったなー

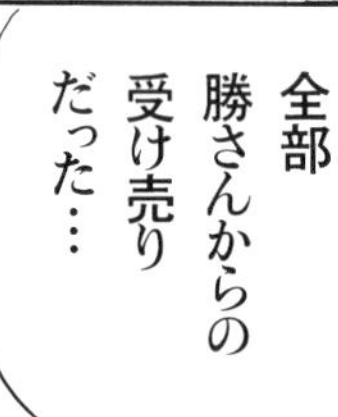
全部勝さんからの受け売りだった…

休憩時間も問題も起こらずに終わり
4
午後のコンクリートの打込みが順調に進んでいるようです
坂本くんと勝係長は現場に出て午前中と同様あわただしくいろいろと指示をしています

2:00 pm　トラブル発生！
この生コン固いなー！
鉄筋の間にうまく流れないぞ！
これじゃあ豆板だらけになっちまうよ!!
本当だ！まずいなー！
どうすりゃいいんだ？
勝さん！勝さーん!!
プッシュ圧送さん！生コン圧送をちょっとストップしてください!!
あわてるなっ！
すぐにスランプを計ってみろ！
はっ・・・早ャ！
あー焦るなー！まず伝票を確認して・・・
うん伝票は間違いなし！

スランプは…っと
ん!? 15㎝?
確か規定値は18㎝±2・5㎝だから…
アウトじゃん!!

…よしわかった!
その生コンはすぐに返却してくれ!

次のは大丈夫か?

今測定してますが…大丈夫のようです!

わかった!それじゃあその生コンから打込みを再開してくれ!

了解しました!
ホッ!

坂本くん!事務所に戻って桂木コンクリート工業に連絡をとって!
原因を調べてくれ!伊藤さんといっしょにな!!

単位水量やスランプの重要性は〈解説コーナー2〉で説明済みだけどこんな時にあわてて現場で水を加えスランプを上げるとコンクリートの耐久性や強度に重大な欠陥を生じることになるから絶対にやってはいけない!!

第5期作業所
事務所
…はい
…はい
あとは問題
ないんですね
？
それじゃー
あとは
間違い
なく…
…で
理由は何
だったんですか？
生コンの
出荷時点では
問題なかった
んですが…

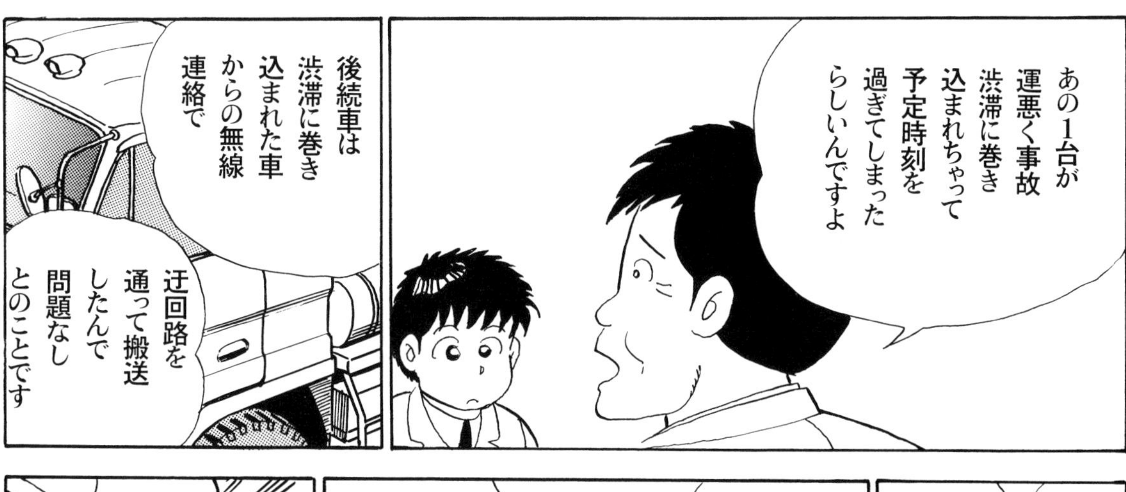
あの1台が
運悪く事故
渋滞に巻き
込まれちゃって
予定時刻を
過ぎてしまった
らしいんですよ
後続車は
渋滞に巻き
込まれた車
からの無線
連絡で
迂回路を
通って搬送
したんで
問題なし
とのことです

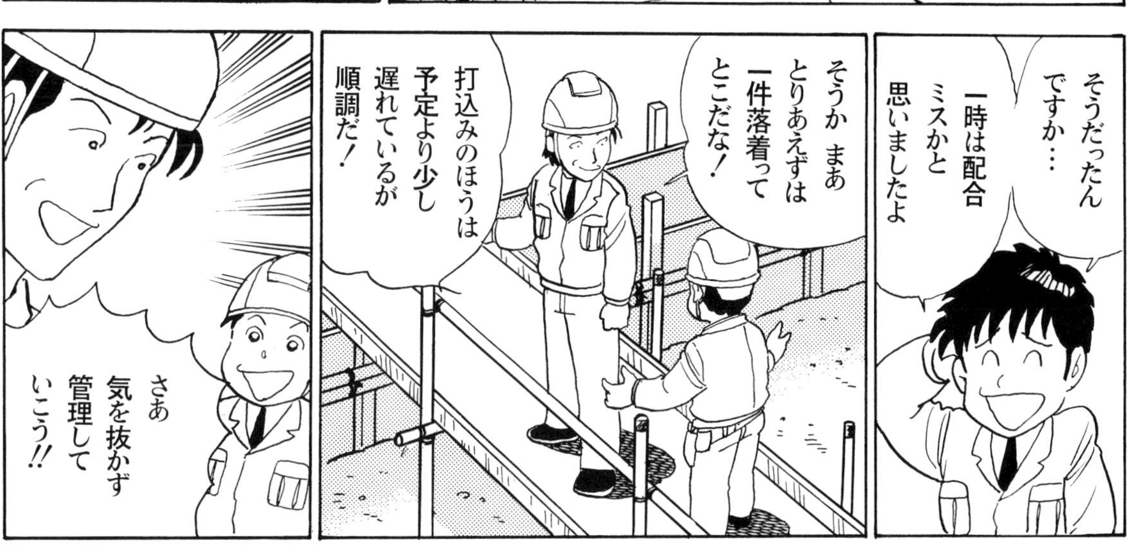
そうだったん
ですか…
一時は配合
ミスかと
思いましたよ
そうか まあ
とりあえずは
一件落着って
とこだな！
打込みのほうは
予定より少し
遅れているが
順調だ！
さあ
気を抜かず
管理して
いこう!!

その後は大きなトラブルもなく順調に打込みが進んで行きました
2セット目の供試体採取も順調に終わったようです
さて──坂本君はというと
なにやらメモ帳と電卓を片手に生コン打込み用足場の上を行ったり来たりしています
3:30 pm 打込み終了までおよそ1時間
勝さん連絡待ちの数量まであとわずかになったんで
残りの数量を計算します!
頼むぞ!
…ええっとあの大梁が残り3m³で
こっちが10m³ぐらいで…
どうだ拾えたか?
もうちょっとです
だけど大梁小梁、スラブと別々に数量出ししておいたおかげで拾い出しがすっごく楽ですね!
数量が出たら伊藤さんに言って工場に連絡してもらえよ!
その時連絡待ちを忘れるなよ!
はい!

あと40㎥として今180㎥終わったところだから…
全部で220㎥連絡待ちが210㎥だったから…
ええっと10㎥追加して…
伊藤さーん！
10㎥追加して220㎥まで出して下さい！
それで連絡待ちとしてください!!
了解！220㎥まで出して連絡待ちにしておきます！
勝係長たちは残り数量の計算出しのことを「コンクリートの秒読み」なんて言って
生コン工場が遠ければ遠いほど気を使うそうです
それは現場で最後に1㎥足りなくなった場合でもそれから工場に出荷を依頼して打込みを完了しなくてはならないからで

全員が30分も40分も待たなければならない結果が生じるからだそうです
けっこう大変なんですね！
4:45 pm 打込み完了間近
ゴゴゴ

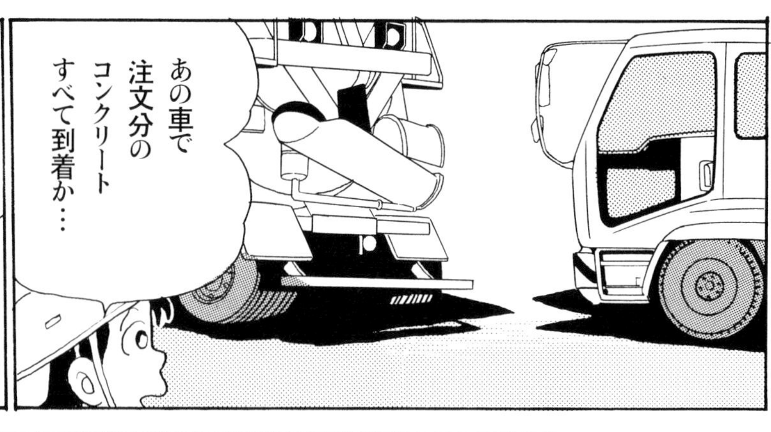
あの車で注文分のコンクリートすべて到着か…

さあ順調に打ち上がってくれよ！
不足が出ませんように…

よーし！そろそろOKだぞー！

OK！ご苦労さま！完了！

よーし!!
不足なく打込み完了!!

押野さんどうでしたか？
ぴったりでしたか？
2㎥ぐらい残っちゃったけどどうします？

うーんほかに打つ場所ないし…

ちょっともったいないけど返していいんじゃない勝さんに聞いて…

あっ！勝さん!!
なにが返せばいいだよ！
何もわかってないじゃないか!!
いいか！返却されたコンクリートがどうなるかわかってんのか？
ウチにしても購入したものをみすみす捨てることになるんだぞ！

まあ初めてにしては上出来だったけどな！

次からはこういう結果になることも計算に入れて計画するようにな！
いィ…

勝さんは仮設駐車場予定地に余った生コンを敷くのか…

余剰生コンの処理

●生コンの値段

コード030301　A資材　レディーミクストコンクリート（5）　JIS A 5308

呼び強度	スランプ(cm)	粗骨材(mm)	単位	東京						神奈川												山
				目黒 世田谷	練馬 板橋	足立 葛飾	八王子	府中	町田	横浜	川崎A※	川崎B※	相模原A※	相模原B※	横須賀	平塚	厚木	小田原	南足柄	箱根	甲府
				②	②	②	②	②	②	②	②	②	②	②	②	②	②	①②	①②	①②	①②
18	8	25(20)	m³	10,900	10,400	10,500	12,300	12,300	11,200	10,500	10,500	10,400	11,200	12,200	12,000	11,400	11,400	9,800	10,000	14,300	9,300
〃	10	〃	〃	11,100	10,400	10,700	12,500	12,500	11,400	10,500	10,500	10,600	11,400	12,400	12,000	11,600	11,600	10,000	10,200	14,500	9,300
〃	12	〃	〃	11,100	10,400	10,700	12,500	12,500	11,400	10,500	10,500	10,600	11,400	12,400	12,000	11,600	11,600	10,000	10,200	14,500	9,300
〃	15	〃	〃	11,100	10,400	10,700	12,500	12,500	11,400	10,500	10,500	10,600	11,400	12,400	12,000	11,600	11,600	10,000	10,200	14,500	9,500
〃	**18**	〃	〃	**11,400**	**10,700**	**11,000**	**12,800**	**12,800**	**11,700**	**10,800**	**10,800**	**10,900**	**11,700**	**12,700**	**12,300**	**11,900**	**11,900**	**10,200**	**10,400**	**14,700**	**9,500**
21	8	25(20)	m³	11,100	10,650	10,700	12,500	12,500	11,400	10,750	10,750	10,600	11,400	12,400	12,250	11,600	11,600	10,200	10,400	14,700	9,600
〃	10	〃	〃	11,350	10,650	10,950	12,750	12,750	11,650	10,750	10,750	10,850	11,650	12,650	12,250	11,850	11,850	10,400	10,600	14,900	9,600
〃	12	〃	〃	11,350	10,650	10,950	12,750	12,750	11,650	10,750	10,750	10,850	11,650	12,650	12,250	11,850	11,850	10,400	10,600	14,900	9,600
〃	15	〃	〃	11,350	10,650	10,950	12,750	12,750	11,650	10,750	10,750	10,850	11,650	12,650	12,250	11,850	11,850	10,400	10,600	14,900	9,800
〃	18	〃	〃	11,700	11,000	11,300	13,100	13,100	12,000	11,100	11,100	11,200	12,000	13,000	12,600	12,200	12,200	10,600	10,800	15,100	9,80
〃	21	〃	〃	11,700	11,000	11,300	13,100	13,100	12,000	11,100	11,100	11,200	12,000	13,000	12,600	12,200	12,200	10,600	10,800	15,100	10,1
24	8	25(20)	m³	11,450	11,000	11,050	12,850	12,850	11,750	11,100	11,100	10,950	11,750	12,750	12,600	11,950	11,950	10,500	10,700		
〃	10	〃	〃	11,700	11,000	11,300	13,100	13,100	12,000	11,100	11,100	11,200	12,000	13,000	12,600	12,200	12,200	10,70			
〃	12	〃	〃	11,700	11,000	11,300	13,100	13,100	12,000	11,100	11,100	11,200	12,000								
〃	15	〃	〃	11,700	11,000	11,300	13,100	13,100	12,000	11,100	11,100	11,200									
〃	18	〃	〃	12,050	11,350	11,650	13,450	13,450	12,350	11,450	11,450										
〃	21	〃	〃	†12,850	11,350	11,650	†14,250	†14,250	12,350	11,450											

月刊「建設物価」2016年9月号より

●現場での処理方法

生コンが余ってしまった場合のために，前もって仮設用材料置き場の床，仮設用駐車場，仮設用通路などを余剰生コンの打込み場所として予定し，打ち込む方法もあります。

●工場での処理方法

生コンを水洗い後に骨材とスラッジに分離させ，回収骨材は産業廃棄物，スラッジは脱水ケーキにして産業廃棄物として処理する方法が多いようです。

5:30 pm　後片付け
ふぅ〜！
「梅雨晴れの生コン無事に打ち終える」
快便のあとの一句も決まったな！
ちょっとミスはあったけど
自分を誉めたい気分だね！
後の作業は差し筋の位置の修正、鉄筋や型枠用パイプに付着したコンクリートの清掃
そして天端均しか！
楽勝ラクショー!!
トントン
最後まで気を抜くんじゃないぞ！
ははいっ!!
ジャー
初陣にしてはうまくいったみたいね！とにかくここで一休み！今日の続きは次章をどうぞ!!

6 章

コンクリート打込み後の確認および検査

前章に引き続き打込み当日のその後を追っていきます

坂本くんの長い一日はまだ続いています——

さあ
チェックだ！
打ち上がり
状況は
もちろん
差し筋
状況
こぼれた
コンクリートの
片付けの確認
など、見る所は
細かいからよく
注意するように！
所長、あそこは…
……
ですね
……
ですね
と
言われた
ことをそのまま
書き込むだけ
じゃなくて
どのような
状態がＯＫで
何が不具合
なのか自分の
目で確かめ
ながらチェック
しろよ！
はい！
……
ところで
打込み直後に
地震が起こっ
たらどう
なっちゃうん
だろう？
眠れなくなる
ようなことは
考えるな!!

打込み直後のひび割れ

●沈みひび割れ

ブリーディングとは，コンクリート中の水が分離して表面に出てくる現象です。このブリーディング量が多いと，その体積分だけコンクリート表面は沈下します。この沈下量が鉄筋の有無により差を生じ，この差により鉄筋位置の表面にひび割れが発生します。この状態を「沈みひび割れ」といいます。

これを防ぐには，ブリーディング水をスポンジなどで取り除き，沈下した箇所にコンクリートを足して全体を均し，またコンクリート面をタンピングして，ひび割れを埋めることが必要です。

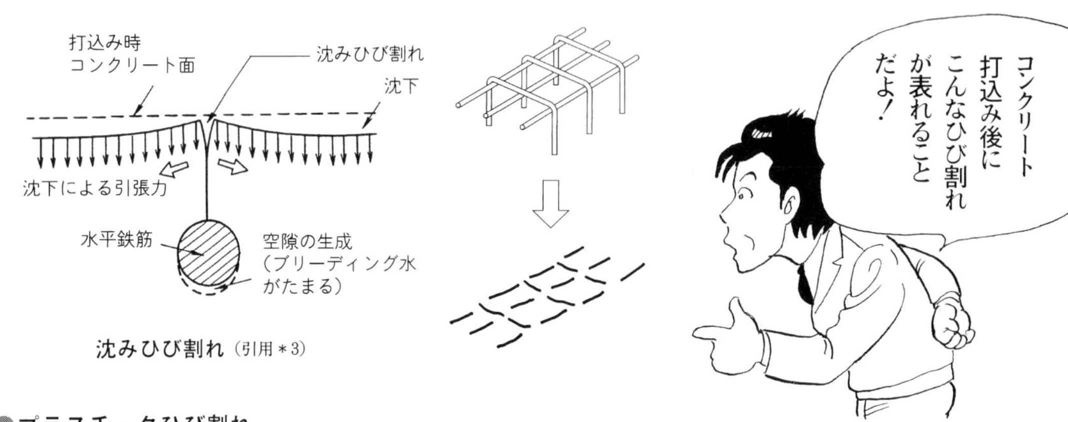

沈みひび割れ（引用＊3）

●プラスチックひび割れ

打ち込んだコンクリートの表面が急激に乾燥することにより発生します。これを防ぐには，覆いなどによる急激な水分の蒸発防止や適切な散水養生がありますが，発生を認めたらコテやタンピングにより至急に対処しなければなりません。夏季の日射や冬季の強風時には特に注意が必要です。

●打込み直後の地震

コンクリート打込み直後に大きな地震に遭遇し，その影響を調査した結果の報告はまだありませんが，コンクリートの硬化過程の性状から考えると，夏季・冬季での多少の時間差はあるにしても，打込み後3時間以内であればまだ硬化はほとんど進んでいませんし，打込み後12時間以降であればある程度の強度は出ていますから，これらの時間帯での振動はあまり問題はないと考えます。しかし，この間の打込み後3時間から12時間の硬化途中で振動を受けた場合には悪影響が心配されます。

これらのことを考慮しながらも，地震を受けた後には，コンクリートの状態を観察し，ひび割れなどが見つかった場合には，監理者に報告するとともに構造専門家の判断を仰ぐことが賢明でしょう。

現場では
コンクリート天端の
コテ押さえをして
いる左官工の姿、
そして型枠にかかった
コンクリートを水洗い
している土工の姿が…
そして
打込みに
携わった別の
作業員が
引き上げて
いきます
お疲れさま!!
お先っ!!

さあ
左官工の
コテ押さえが
終わるまで
事務所に
戻って書類の
整理をするか!

供試体の養生，圧縮強度試験

●標準養生と現場水中養生

管理材齢が28日以下の供試体の養生は，水中養生とします。通常，生コン工場または試験代行会社の水槽での「標準養生」（水温 20±2℃）と，現場での「現場水中養生」（水温は外気温による）が行われます。

供試体の現場水中養生

標準養生用水槽

●受入れ検査用の強度確認

① 供試体は標準養生を実施する。
② 材齢28日の圧縮強度試験を立会いのうえ実施する。
③ 試験は試験代行会社，または生コン工場の試験室等が利用されている。
④ 材齢7日でも圧縮強度試験を実施することにより，材齢28日の圧縮強度を予測する自主チェックの方法もある。

圧縮強度試験機

●構造体検査用の強度確認

① 供試体は標準養生を実施する。
② 材齢 28 日の圧縮強度試験は，工事監理者立会いのうえで公的試験機関（第三者機関）で実施する。
③ 型枠せき板解体時期判定のための強度確認試験は通常，生コン工場の試験室等において，打設後 2～3 日で実施されている。
④ 材齢 7 日での圧縮強度試験は，強度発現状況を確認するとともに，4 週強度を予測するために行う。

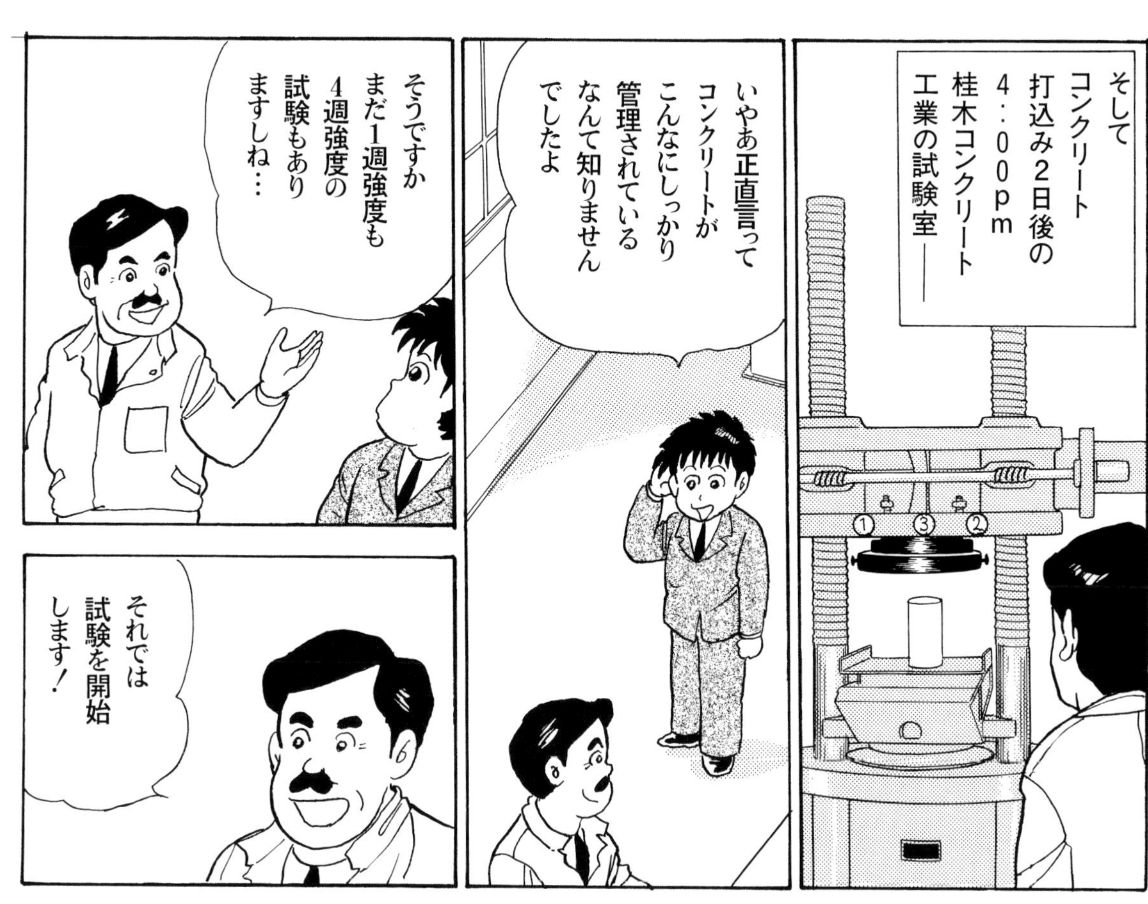
そして
コンクリート
打込み2日後の
4：00pm
桂木コンクリート
工業の試験室——
いやあ正直言って
コンクリートが
こんなにしっかり
管理されている
なんて知りません
でしたよ
そうですか
まだ1週強度も
4週強度の
試験もあり
ますしね…
それでは
試験を開始
します！

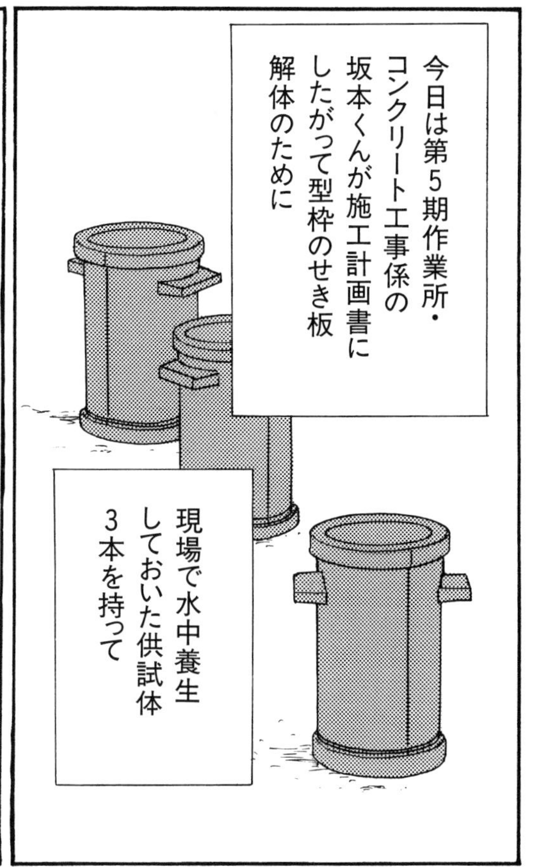
今日は第5期作業所・
コンクリート工事係の
坂本くんが施工計画書に
したがって型枠のせき板
解体のために
現場で水中養生
しておいた供試体
3本を持って

迎えに来てくれた
中岡さんと桂木
コンクリート工業の
試験室へと出かけ
強度発現の
確認に来たのです

強度は平均で5・5N/mm²です
せき板解体はOKですね！
やった！規定値クリアだ！
せき板解体GOですね！
もしもし勝さん？坂本です
いま試験終わりました…はいそうです

…ええ JASS-5 9・10でいくと存置期間が4日間必要だから早めに解体にかかれますね

そうだな今回は基礎躯体だからさっそく明日から型枠解体にかかろう！
しかし1階の躯体からは外壁については直射日光や風の影響を受けて乾燥ひび割れなどが入るおそれがあるから
型枠解体にはもう少し養生期間を置くからな！
そのつもりでいてくれ！

型枠の存置期間確認方法

ところで型枠解体といってもこのような確認方法が決められているんだよ!

●強度確認による方法（JASS-5）

基礎・梁側・柱および壁のせき板の存置期間は，計画供用期間の級が短期，標準の場合は，コンクリートの圧縮強度が 5N/mm² 以上，長期および超長期の場合は 10 N/mm² 以上に達したことが確認されるまでとします。

支保工の存置期間は，スラブ下・梁下とも設計基準強度の 100%以上のコンクリートの圧縮強度が得られたことが確認されるまでとします。

●平均気温による方法（JASS-5　9-10）

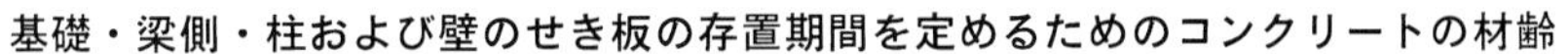
基礎・梁側・柱および壁のせき板の存置期間を定めるためのコンクリートの材齢

	コンクリートの材齢（日）		
セメントの種類 ＼ 平均気温	早強ポルトランドセメント	普通ポルトランドセメント 高炉セメントＡ種 シリカセメントＡ種 フライアッシュセメントＡ種	高炉セメントＢ種 シリカセメントＢ種 フライアッシュセメントＢ種
20°C 以上	2	4	5
20°C 未満 10°C 以上	3	6	8

●湿潤養生（JASS-5　8-2）

打込み後のコンクリートは，養生マットや水密シートによる被覆，散水や噴霧，膜養生剤の塗付などにより湿潤養生を行います。その期間は，供用期間の級に応じて以下の表によるか，圧縮強度が計画供用期間の級が短期および標準の場合は 10N/mm² 以上，長期および超長期の場合は 15 N/mm² 以上に達したことが確認されるまでとします。

計画供用期間の級 ＼ セメントの種類	短　期 および 標　準	長　期 および 超長期
早強ポルトランドセメント	3 日以上	5 日以上
普通ポルトランドセメント	5 日以上	7 日以上
その他のセメント	7 日以上	10 日以上

いよいよせき板が
解体され
コンクリートが
現れていきます
固唾を
のんで見守る
坂本くん
コンクリート
打込みに関わった
すべての人に
緊張が走る
瞬間です！
そして順次
せき板が解体され
せき板や他の資材
材料が搬出され
後片付けが始まりました
全般的には
まずまずの
出来栄え
だな…
だけどあの
場所が気に
なるんだよなぁ
あっ！
豆板だ！
やっぱり!!
よし！
それじゃあ
反省会と
いくか！

解説コーナー 22

コンクリートの不具合事例

●豆板

豆板とは，コンクリートからモルタル分が抜けて「おこし」状に硬化したものをいいます。

これはコンクリートを高い位置から落とし込んだ時，粗骨材が鉄筋や型枠などに当たり分離することによって発生することが多いのですが，型枠の隙間からセメントペースト分が抜けた場合にも発生します。

豆板の防止方法としては，解説コーナー 16 で解説した締固めによる方法のほかに，以下の方法が挙げられます。

① 適度な粘性をもつ，分離しにくい調合を選定する。
② 鉄筋量の多い箇所に，高い位置からコンクリートを落とし込むことを避ける。
③ 型枠せき板の接合部からのセメントペーストの漏れを防止する。

補修方法としては，

① はつり取り，補修する。
② 表面だけの軽微な場合は，ポリマーセメントモルタルを塗る。
③ 鉄筋の内部まで達し広範な場合は，その部分をはつり取りコンクリートを打ち直す。

などの方法で補修します。

豆板

●コールドジョイント

長時間経過後にコンクリートを打ち継ぐと，先に打ち込んだものと一体化しない部分ができます。これがコールドジョイントです。

これを防止するための打継ぎ時間の限度は，外気温が 25℃未満の場合は 150 分，25℃以上の場合は 120 分が目安，とされています。

補修方法としては，程度にもよりますが，隙間が大きい場合はポリマーセメントモルタルを充てんします。

コールドジョイント

●充てん不良部分

壁部分に設けられる窓など，大きな開口の中央下部はコンクリートの充てん不良が起きやすいので十分な注意が必要です。起きた場合には硬化前早期にコンクリートを追加し，一体化します。

また，柱と梁の接合部は両者の鉄筋が交差するためコンクリートが充てんしにくい箇所ですが，構造的にきわめて重要な部位となります。この位置の主筋内部に充てん不良が起こると補修は困難で，不良箇所をはつり取って打直しが必要となることもあります。したがって，打込み時にバイブレーター等を用いて，入念な締固めを実施しなければなりません。

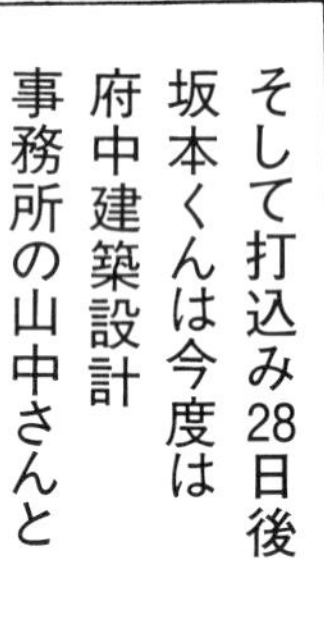

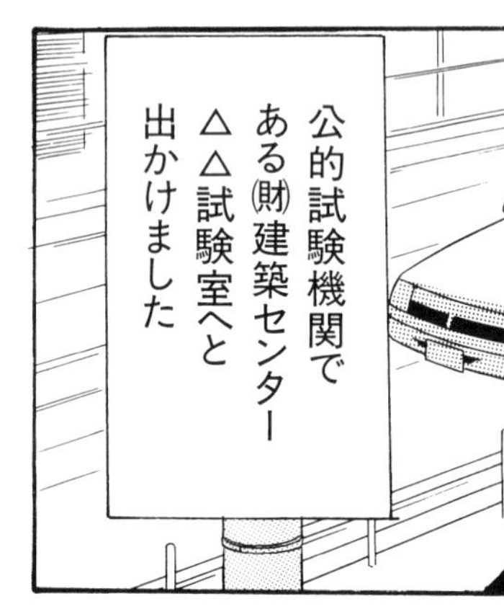

＊設計仕様により立ち会わない場合もある。

試験機関の違いについて

試験・検査は，外部に依頼して行うのが原則ですが，その場合の試験機関は特記されていなければなりません。特記がない場合は，施工者は適切な外部検査機関を定めて，工事監理者の承認を受けます。

外部機関は第三者機関であることが原則ではありますが，適当と思われる機関の数や工事現場との距離の問題などにより第三者機関の認定が困難な場合，支障のない限りにおいて製造者または施工者の機関より選定してもよいことになっています。ただし，この場合は試験・検査の項目によっては，なるべく工事監理者の立会いのもとに実施します。

機関・場所の一例

試験・検査の項目	試験・検査の機関・場所
セメント	製造者機関
骨材	第三者機関
水	第三者機関
混和材料	JIS A 6204（コンクリート化学混和剤）に適合する試験成績作成のための試験は第三者（できる限り公的）機関，工事開始前に行う試験は製造者機関
使用するコンクリートの圧縮強度	施工者選定機関
コンクリート中の塩分量	施工者選定機関
構造体コンクリート強度推定のための圧縮強度試験	第三者（できる限り公的）機関

ちょっと緊張しました
でも合格でよかったです！
ははは！初めてだったんだよね
それじゃお祝いをかねてちょっと行くかい？　この近くに豆腐料理のうまい店があるんだ

と、豆腐ですかあ？
スミマセン！私最近豆腐が苦手で…
え？豆腐が苦手なんてあまり聞かないな
…なんかコンクリートみたいで…
作業所に配属になってからというものコンクリート漬けの日々を送っているせいで…

7章
コンクリート工事の施工管理

暑中お見舞い
申し上げます
7月下旬
ここ第5期
通称白5作業所では
1F躯体の型枠・
鉄筋工事がスタート
したところです
だからゲートも大賑わい
一方近隣工区の
通称白4作業所では
地上躯体工事が
最盛期で予定通り
順調に工事が進行
しているようです

小池さーん!
この支店提出用
書類の書き方
これでいいんです
かぁーっ!?
えーっ!
またあ?
いいかげんに
覚えてよ!

だって
いろいろあって
複雑なんですよ

小池さん
もう少しがまん
してやってよ
出来の悪い弟
だと思ってさ!
クスッ

あのねェ
ここにィ
……
おい勝よ
あの出来の悪い
弟のことで
ちょっと…

なんでしょう?
彼の勉強にも
なるんで
白4の現場に
連れて行って
状況を見せて
やれないかな?
ちょうどタイミングも
いいし
むこうの
西郷
あいつに頼んで
あるから

それはいい
考えですね!
実は私もそう
思っていたんで
すよ!
早速日時の
調整をしましょう!

だからァ!

――ということで
本日は勝係長とともに
坂本くん、白4の現場に行く
ことになりました

お忙しいところ今日はすみません彼がお話しした坂本くんです
こちらが白4の現場管理を任されている西郷課長だ今日は君のために時間をとってもらったからしっかり学んでくれよ！
でけ〜
しっ白5作業所でコンクリート工事係を担当しております坂本です！新人ですがよろしくお願いします！
ペコ
西郷ですじゃあまず現場を見ながら説明しましょう！
ニコ
墜落災害防止強化活動
安全に忠実な　作業の推進

現場では
あわただしく作業が
進行しています
基礎とは違い
上のほうの躯体工事
では部屋内作業など
上下作業が多くなり
作業床が錯綜して
くるのです

西郷さんからの
状況説明のメモを
取る坂本くん
勝さんのハッパのせいか
真剣そのもの！

基礎のときは周りがよく見えてましたが上のほうの工事ともなると周りが見えにくくなってだいぶ勝手が違うものなんですね

躯体工事のサイクル管理

マンション基準階：コンクリート打込みの工事日数および施工順序の例（サイクル管理）

	0日	1日	2日	3日	4日	5日	6日	7日	8日	9日	10日	11日	12日	13日	14日
型枠工事	コンクリート打込み日	墨出し 養生	墨出し コンクリート強度確認	壁・柱 型枠解体荷上げ	壁・柱 型枠建込み 壁・柱 型枠解体荷上げ	〃	〃	梁・壁型枠建込み	梁・スラブ型枠建込み	ベランダ・廊下型枠建込み スラブ・階段型枠建込み	〃 〃	〃 〃	〃 〃	型枠検査	コンクリート打込み
鉄筋工事				柱筋圧接・配筋	壁・柱筋配筋 柱筋配筋	〃	〃	〃	梁・スラブ配筋 梁・スラブ材荷上げ	ベランダ・廊下配筋 梁・スラブ配筋	ベランダ・廊下配筋 スラブ・階段配筋	〃 〃	〃 〃	配筋検査	
		コンクリートの湿潤養生													

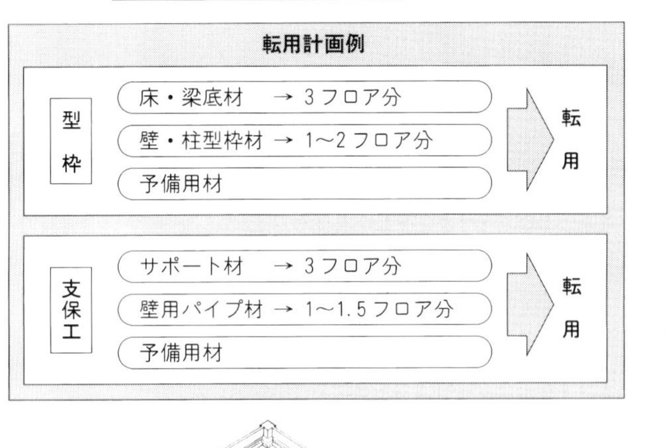

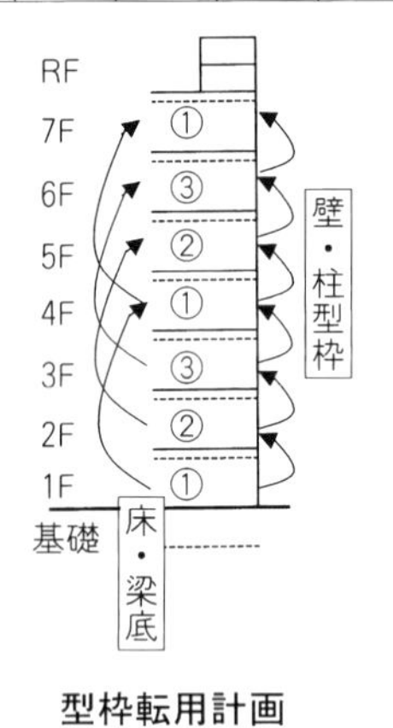

型枠転用計画

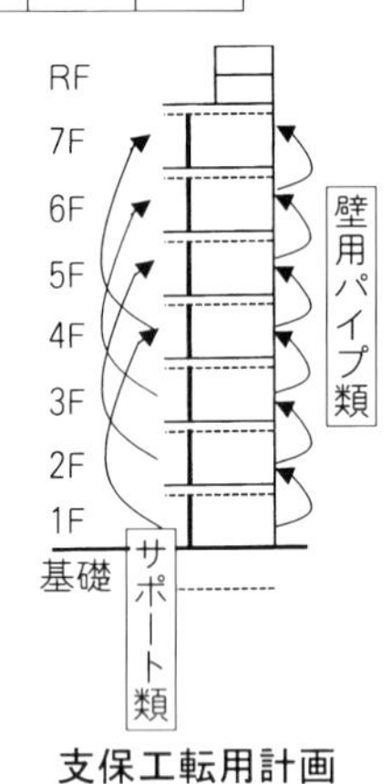

支保工転用計画

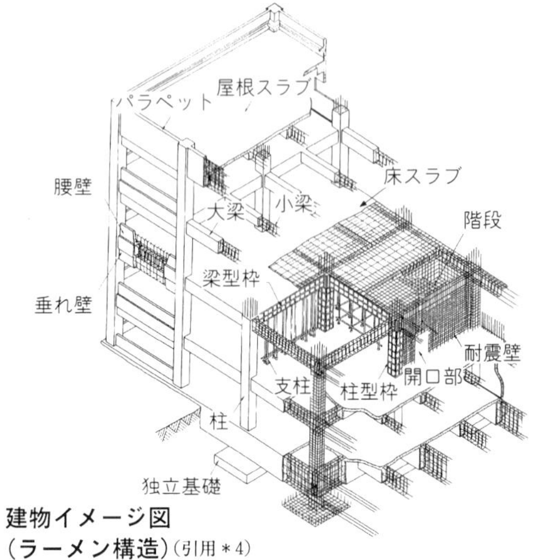

建物イメージ図
（ラーメン構造）（引用＊4）

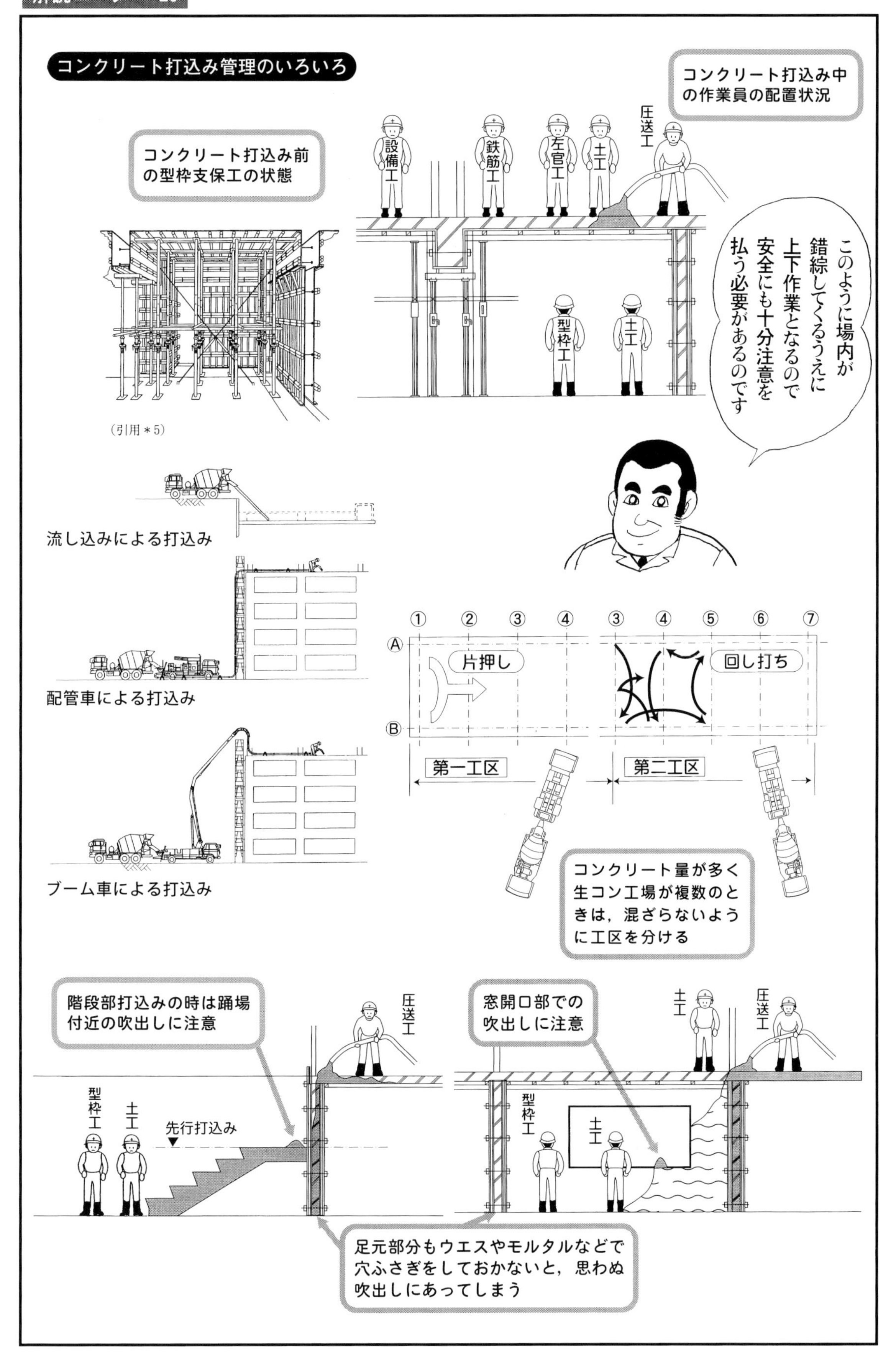
コンクリート打込み管理のいろいろ
コンクリート打込み前の型枠支保工の状態
(引用＊5)
コンクリート打込み中の作業員の配置状況
設備工
鉄筋工
左官工
土工
圧送工
型枠工
土工
このように場内が錯綜してくるうえに上下作業となるので安全にも十分注意を払う必要があるのです
流し込みによる打込み
配管車による打込み
ブーム車による打込み
① ② ③ ④ ③ ④ ⑤ ⑥ ⑦
Ⓐ
Ⓑ
片押し
回し打ち
第一工区
第二工区
コンクリート量が多く生コン工場が複数のときは，混ざらないように工区を分ける
階段部打込みの時は踊場付近の吹出しに注意
圧送工
型枠工
土工
先行打込み
窓開口部での吹出しに注意
土工
圧送工
型枠工
土工
足元部分もウエスやモルタルなどで穴ふさぎをしておかないと，思わぬ吹出しにあってしまう

それでは型枠が
解体されている
2階で躯体の
出来栄えを
確認しましょう
か
はい！
自分が管理して
いるつもりで
よく見るんだぞ！

コールドジョイントらしきものがありましたけど…
きちんと補修されていたし豆板もほとんど見られない

窓回りも問題なし…

そして何よりも作業床がきちんと整理されている！

本当にきれいに管理されているんですね
うん！こちらの工事管理に対する取組み方、姿勢といったものが施工状況からはっきり伝わってきますよ！

嬉しいですね
自分はたいした
取柄のない男
ですが
仕事はきちんと
したいし…

また
そうあるべき
だと思っていま
すよ

うーん
こういう
仕事をしな
ければなら
ないんだな
よしっ!!

さて現場見学を
終えた3人は
白4の事務所へと
戻りました
「鉄は熱いうちに」
ではないけれど
燃えている坂本くんに
西郷さんから
コンクリートの
品質管理検査方法
を中心に
これからのコンクリート
工事の課題などに
ついて話がありました

コンクリートの課題と将来

川砂利と砕石

●天然骨材の枯渇

コンクリート用骨材としては，従来は天然の砂・砂利が用いられてきましたが，近年では環境保全に伴う河川産骨材や海砂の採取規制などにより，砕石や砕砂の使用割合が増えてきています。

一方，環境保全や産業副産物の有効利用という観点からスラグ骨材や再生骨材の使用も増加していくことも予想されます。

●地球環境問題

資源問題，環境問題に対応するコンクリートのリサイクルも可能になっています。技術や市場がさらに整備されれば，生コンへの適用も増加すると思われます。

合板型枠等の使用に関しては，木材資源の広範な伐採から地球環境への悪影響が指摘されていることはご承知のとおりですが，これらに対応して転用性の高いプラスチック型枠の利用やセメント系打込み型枠工法，PCaコンクリート工法などが開発され，実施されています。

打込み型枠

●高性能コンクリート

1章で紹介したような高性能なコンクリート（高強度，高流動，高耐久性）技術により，社会のニーズに応える，さまざまな建築物が普及しつつあります。

- 超高層建築物，大空間建築物，大深度建築物
- 複雑なデザイン形状の建築物
- 省力化，自動化施工法による建築物
- 200年以上の長期耐久性を有する建築物

夢の大深度建築物

ありがとう
ございました！
しっかり取り
組みたいと
思います！
お世話に
なりました！
頑張ってください！

どうだ
少しは理解
できたか？
ものすごく
勉強に
なりました！

なにしろ
手本となる
現場が目の前に
あるんだからな
こんなにいい
環境はないぞ！
はい！
これからも
一生懸命
頑張ります!!

いよいよ地上躯体
コンクリート工事が
本格的に始まろうと
している白5作業所を
遠望しながら
そこに自分でつくり
あげた建物を
想像する坂本くん
でした

付

参考資料ほか

1 コンクリート工事施工計画書

●コンクリート工事施工計画書（表紙）

コンクリート工事施工計画書

白糸台団地第5期A棟新築工事

太陽建設株式会社東京支店

白糸台団地第5期A棟新築工事作業所

所　長	工事担当者	
/	/	/

●目次

目　次

●工事概要ほか

1 工事概要ほか

1）工事概要

工事名称	白糸台団地第5期A棟新築工事
施主	三井戸地所
設計監理	府中建築設計事務所
工期	***0/04/01～***1/03/31
建築面積	750 m²
延床面積	4,900 m²
概要	RC造　地上7階塔屋1階　軒高21m 住戸数　55戸
杭	PC杭（プレボーリング工法）
外壁	2丁掛タイル　吹付タイル
天井	二重天井：ビニールクロス　化粧石膏ボード　杉柾ボード
壁	ビニールクロス　ポリ化粧合板
床	防音フローリング　畳　長尺塩ビシート

2）準拠図書

公共建築工事標準仕様書（平成25年版）国土交通大臣官房官庁営繕部監修
建築工事監理指針（平成25年版）国土交通大臣官房官庁営繕部監修
建築工事標準仕様書・同解説JASS 5　鉄筋コンクリート工事（2009）日本建築学会

●設計仕様（材料・工法等）

2 設計仕様（材料・工法等）

設計仕様：コンクリートの種類と調合の指定事項

		コンクリートの種類*1)	設計基準強度 (N/mm²)	品質基準強度 (N/mm²)	スランプ (cm)	水セメント比 (%)	単位水量 (kg/m³)	単位セメント量 (kg/m³)	塩化物量 (kg/m³)	比重 (kg/m³)	その他の指定仕様*2)
躯体コンクリート	基　礎						以下		0.3以下		
	階						以下		0.3以下		
	階						以下		0.3以下		
	階						以下		0.3以下		
	階						以下		0.3以下		
	階						以下		0.3以下		
	階						以下		0.3以下		
	階						以下		0.3以下		
土間コンクリート											
その他											

*1）コンクリートの種類：1.普通，2.軽量1種，3.軽量2種
*2）その他の指定仕様：①流動化，②寒中コンクリート，③暑中コンクリート　等

材　料		商品名・産地	規格・品質	寸　法	塩分含有率	アルカリ骨材反応
水					%以下	
セメント						
細骨材						
粗骨材				mm以下		
混和剤	減水剤					
	流動化剤					
	膨張剤					
	防錆剤					
その他						

・製造工場の指定

・JIS認定工場の指定　有（　　　　　　　　），無

＊130～133ページの資料は，2009年版JASS-5を基に作成・掲載しています。

品質管理組織図

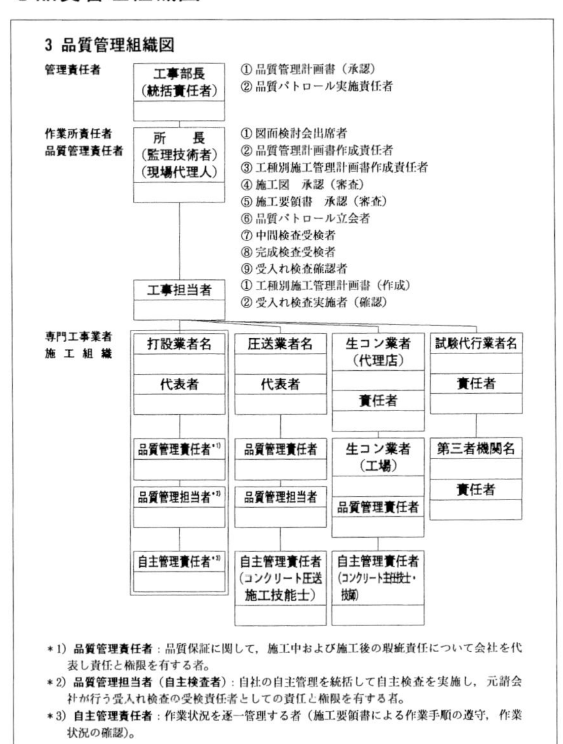

*1) **品質管理責任者**:品質保証に関して,施工中および施工後の瑕疵責任について会社を代表し責任と権限を有する者。
*2) **品質管理担当者(自主検査者)**:自社の自主管理を統括して自主検査を実施し,元請会社が行う受入れ検査の受検責任者としての責任と権限を有する者。
*3) **自主管理責任者**:作業状況を逐一管理する者(施工要領書による作業手順の遵守,作業状況の確認)。

業務フロー

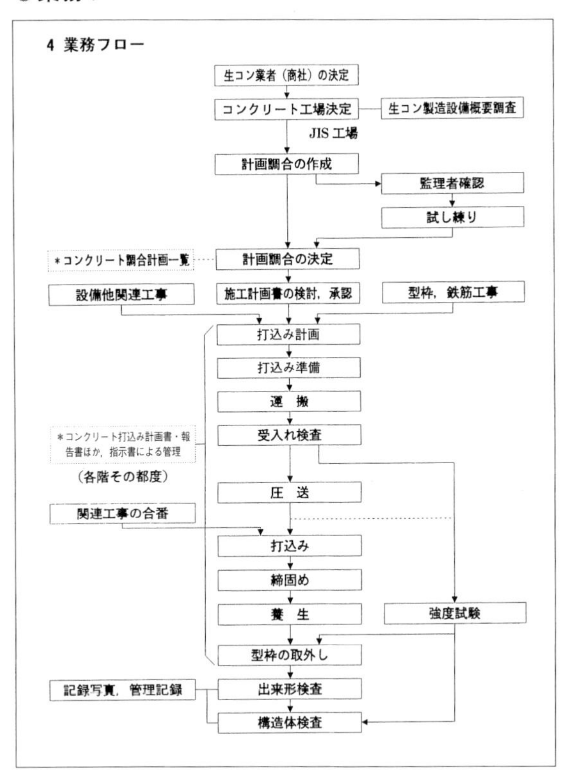

工事責任区分

5 工事責任区分

業　種	業者名	項　目	備　考
・商社	・商事会社	○生コンデリバリー	・コンクリート工事担当者の指示によるプラントとの連絡調整
			・納入状況の確認,報告
・生コン製造	・工場	○調合計画	・配合計画書,報告書の提出
			・材料試験成績書の提出(1回/月)
			・試し練り
		○生コン製造出荷検査	・フレッシュコンクリートの検査(スランプ・空気量・フロー値・コンクリート温度・塩化物量)
			・生コン調合強度確認試験(材齢7日・材齢28日)
・検査代行会社	・代行業者	○試料採取及び検査	・スランプ・空気量・フロー値・コンクリート温度・塩化物量
			・構造体強度確認用供試体採取
			・せき板解体時期確認用供試体採取および検査
・圧縮強度試験代行機関	・代行業者	○圧縮強度試験	・構造体コンクリート圧縮強度試験(材齢3日,7日)
・圧縮強度試験公的機関	・建材試験所	○圧縮強度試験	・構造体コンクリート圧縮強度試験(材齢24日)
・圧送工	・圧送会社	○コンクリート圧送	・コンクリート圧送
			・配管段取り,盛変え,片付け
・土工	・土工事業者	○打込み指揮者	・コンクリート打込み指揮
			・出来形(豆板・コールドジョイント)の自主検査
		○打込み,締固め	・バイブレーター,突き棒ほか
		○養生	・散水養生,保温養生ほか
		○打継ぎ処理	・レイタンス処理,鉄筋かぶりコンクリート処理
・型枠工	・型枠業者	○打込み合番	・型枠点検(建入れ,頂部の通り,目地天端)
			・出来形(頂部通り,目地,開口部)の自主検査
・支保工組立解体工	・型枠解体業者	○打込み合番	・支保工点検
・鉄筋工	・鉄筋業者	○打込み合番	・配筋点検(かぶり,スペーサー,差し筋等)
・設備工	・管工事業者	○打込み合番	・配管類点検
・電気工	・電気設備業者	○打込み合番	・配管類点検
・左官工	・左官業者	○均し,押さえ	・コンクリート均し,押さえ
			・出来形(壁際床レベル)の自主検査

品質管理項目

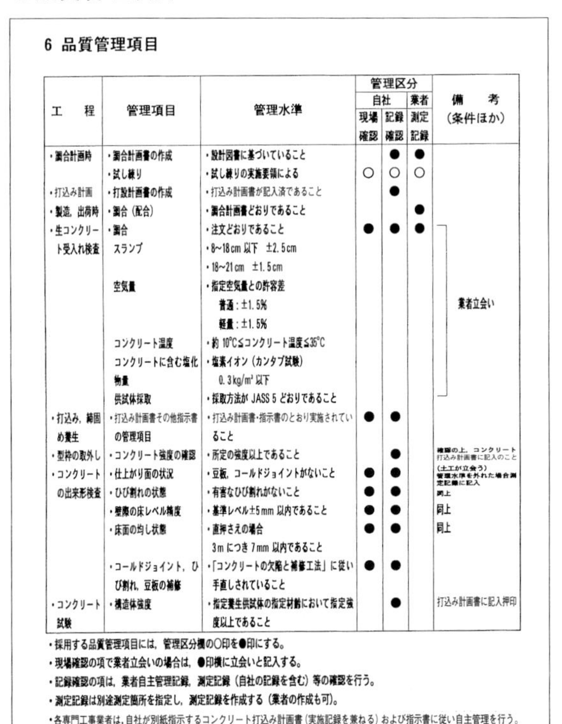

6 品質管理項目

工　程	管理項目	管理水準	管理区分 自社 現場確認	管理区分 自社 記録確認	管理区分 業者 測定記録	備　考(条件ほか)
・調合計画時	・調合計画書の作成	・設計図書に基づいていること		●	●	
	・試し練り	・試し練りの実施要領による	○	○	○	
・打込み計画	・打設計画書の作成	・打込み計画書が記入済であること		●		
・製造,出荷時	・調合(配合)	・調合計画書どおりであること			●	
・生コンクリート受入れ検査	・調合	・注文どおりであること	●	●	●	業者立会い
	スランプ	・8~18cm以下 ±2.5cm ・18~21cm ±1.5cm				
	空気量	・指定空気量との許容差 普通:±1.5% 軽量:±1.5%				
	コンクリート温度	・約10°C≦コンクリート温度≦35°C				
	コンクリートに含む塩化物量	・塩素イオン(カンタブ試験) 0.3kg/m³以下				
	供試体採取	・採取方法がJASS 5どおりであること				
・打込み,締固め養生	・打込み計画書その他指示書の管理項目	・打込み計画書・指示書のとおり実施されていること	●	●		
・型枠の取外し	・コンクリート強度の確認	・所定の強度以上であること		●		確認の上,コンクリート打込み計画書に記入のこと
・コンクリートの出来形検査	・仕上がり面の状況	・豆板,コールドジョイントがないこと	●	●		(土工が立会う)管理水準を外れた場合測定記録に記入
	・ひび割れの状態	・有害なひび割れがないこと	●	●		同上
	・壁際の床レベル精度	・基準レベル±5mm以内であること	●	●		同上
	・床面の均し状態	・直押さえの場合 3mにつき7mm以内であること	●	●		同上
	・コールドジョイント,ひび割れ,豆板の補修	・「コンクリートの欠陥と補修工法」に従い手直しされていること	●	●		
・コンクリート試験	・構造体強度	・指定養生供試体の指定材齢において指定強度以上であること		●		打込み計画書に記入押印

・採用する品質管理項目には,管理区分欄の○印を●印にする。
・現場確認の項で業者立会いの場合は,●印横に立会いと記入する。
・記録確認の項は,業者自主管理記録,測定記録(自社の記録を含む)等の確認を行う。
・測定記録は別途測定箇所を指定し,測定記録を作成する(業者の作成も可)。
・各専門工事業者は,自社が別紙指示するコンクリート打込み計画書(実施記録を兼ねる)および指示書に従い自主管理を行う。

計画	監理技術者	工事担当者	最終確認	監理技術者	工事担当者	計画日	年　月　日
						最終確認日	年　月　日

天候		最高気温	℃	最低気温	℃	

工場名		TEL		試験機関名		TEL	

	1ロット				2ロット				3ロット			
	1	2	3	回	1	2	3	回	1	2	3	回
スランプ				cm				cm				cm
空気量				%				%				%
温度				℃				℃				℃
塩化物量				kg/m³				kg/m³				kg/m³
圧縮強度①	$\bar{x}$ =			N/mm²	$\bar{x}$ =			N/mm²	$\bar{x}$ =			N/mm²
圧縮強度②	$\bar{x}$ =			N/mm²	$\bar{x}$ =			N/mm²	$\bar{x}$ =			N/mm²
1ロット数量				m³	※記入欄が足りない場合は上貼する。							

供試体採取本数（1ロット当たり）				
	本数	管理材齢		養生方法（該当量）
圧縮強度①	本	日		□ 標準
圧縮強度②	本	日		□ 標準 □ 現水 □ 封緘
	本	日		□ 標準 □ 現水 □ 封緘
	本	日		□ 標準 □ 現水 □ 封緘
	本	日		□ 標準 □ 現水 □ 封緘

圧縮強度①：受入れ検査の圧縮強度（呼び強度の確認：標準養生）
圧縮強度②：構造体コンクリートの圧縮強度の検査（強度管理材齢）
圧縮強度③：せき板・支柱除去およびプレストレス導入時間決定用圧縮強度

数量（m³）　□ 予定累計数量　■ 実施累計数量

400
300
200
100
0
7　8　9　10　11　12　13　14　15　16　17　18　19　時刻

養生計画

	計画	実施	圧縮強度③
せき板（柱・壁）	日	日	N/mm²
〃 （梁側）	日	日	N/mm²
支　柱（梁底）	日	日	N/mm²
支　柱（床版）	日	日	N/mm²
土間・スラブ散水養生	日	日	
土間・スラブシート養生	日	日	

コンクリート打込み後平均気温

/　/	℃
/　/	℃
/　/	℃
/　/	℃
/　/	℃
/　/	℃
/　/	℃
/　/	℃
/　/	℃

左官工事予定数量

均　し	m²
木鏝直押え仕上げ	m²
金鏝直押え仕上げ	m²
	m²
	m²
	m²
	m²
	m²

7コンクリート打込み計画および実施記録

工事名称	
打込み部位	

	予定	実施記録	
打込み年月日	年　月　日	年　月　日	打込み日気象
打込み時間	:　～　:	:　～　:	生コン連絡先
打込み数量	モルタル　m³	モルタル　m³	実施記入欄
	生コン　m³	生コン　m³	
コンクリートの種類	□普通　□軽量１種　□軽量２種	(右の“実施記入欄”以外の特別な検査を実施した場合はこの欄に記入)	
セメントの種類	□N　□H　□BB □その他（　）		
設計基準強度	N/mm²		
調合管理強度	N/mm²		
呼び強度			
スランプ	cm		
空気量	%		打込み進行予定表
粗骨材（最大寸法）	mm		
単位セメント量	kg/m³		
単位水量	kg/m³		
細骨材率	%		
塩化物量上限	kg/m³		
混和剤			
混和材	□有（□工場　□現場）		
	□無		
	製品名（　）		

人員配置	業者名	人数	業者名	人数
社員・係員(総合指揮)				
土工指揮者				
土工バイブレーター係				
土工突棒係				
土工再振動係				
その他（　）				
圧送工				
左官工				
型枠大工				
鉄筋工				
設備工・電工				
警備員				
生コン代理店立会				
試験代行員				
その他				
合計人員				
ポンプ車機種	型車　台 □ズーム　□配管		型車　台 □ズーム　□配管	
バイブレーター	高周波200V　40φ　50φ　60φ× 壁用バイブレーター　×		高周波200V　40φ　50φ　60φ× 壁用バイブレーター　×	

◆確認検査実施(当社の行う検査)		
◆型枠検査合格日	[　/　]検査者(　)(　)	打込み前
◆圧接引張試験合格日	[　/　]検査者(　)(　)	打込み前
◆配筋検査合格日	[　/　]検査者(　)(　)	打込み前
◆打継面処理確認日	[　/　]検査者(　)(　)	打込み前
◆出来形検査合格日	[　/　]検査者(　)(　)	打込み前

打込み計画
・ポンプ位置
・工区分け
・配管ルート
・供試体採取場所

等を平面図で記入

配合報告書および計算書・品質管理試験結果(細骨材、粗骨材)を確認する

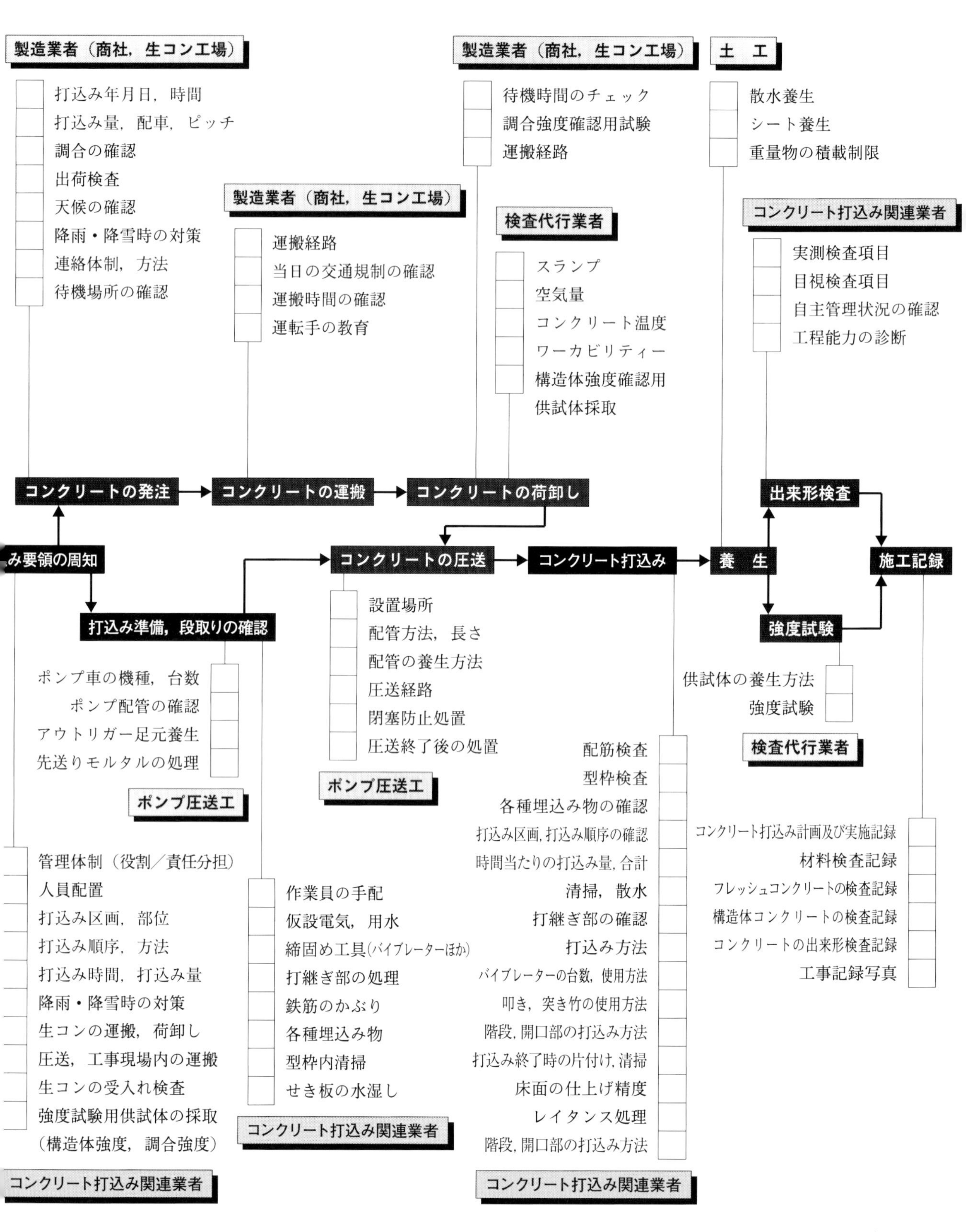
製造業者（商社，生コン工場）
打込み年月日，時間
打込み量，配車，ピッチ
調合の確認
出荷検査
天候の確認
降雨・降雪時の対策
連絡体制，方法
待機場所の確認
製造業者（商社，生コン工場）
運搬経路
当日の交通規制の確認
運搬時間の確認
運転手の教育
製造業者（商社，生コン工場）
待機時間のチェック
調合強度確認用試験
運搬経路
検査代行業者
スランプ
空気量
コンクリート温度
ワーカビリティー
構造体強度確認用
供試体採取
土　工
散水養生
シート養生
重量物の積載制限
コンクリート打込み関連業者
実測検査項目
目視検査項目
自主管理状況の確認
工程能力の診断
コンクリートの発注
コンクリートの運搬
コンクリートの荷卸し
出来形検査
み要領の周知
コンクリートの圧送
コンクリート打込み
養　生
施工記録
打込み準備，段取りの確認
強度試験
設置場所
配管方法，長さ
配管の養生方法
圧送経路
閉塞防止処置
圧送終了後の処置
ポンプ圧送工
ポンプ車の機種，台数
ポンプ配管の確認
アウトリガー足元養生
先送りモルタルの処理
ポンプ圧送工
供試体の養生方法
強度試験
検査代行業者
配筋検査
型枠検査
各種埋込み物の確認
打込み区画，打込み順序の確認
時間当たりの打込み量，合計
清掃，散水
打継ぎ部の確認
打込み方法
バイブレーターの台数，使用方法
叩き，突き竹の使用方法
階段，開口部の打込み方法
打込み終了時の片付け，清掃
床面の仕上げ精度
レイタンス処理
階段，開口部の打込み方法
コンクリート打込み関連業者
コンクリート打込み計画及び実施記録
材料検査記録
フレッシュコンクリートの検査記録
構造体コンクリートの検査記録
コンクリートの出来形検査記録
工事記録写真
管理体制（役割／責任分担）
人員配置
打込み区画，部位
打込み順序，方法
打込み時間，打込み量
降雨・降雪時の対策
生コンの運搬，荷卸し
圧送，工事現場内の運搬
生コンの受入れ検査
強度試験用供試体の採取
（構造体強度，調合強度）
コンクリート打込み関連業者
作業員の手配
仮設電気，用水
締固め工具(バイブレーターほか)
打継ぎ部の処理
鉄筋のかぶり
各種埋込み物
型枠内清掃
せき板の水湿し
コンクリート打込み関連業者

●コンクリート工事施工管理項目一覧表

建物の構造・形状・階高等の確認

- 全体形状（規模，平面形状，立面形状）
- 平面構成（階段，吹抜け，壁量）
- 構造
- 階高
- 仕上げ

設計図書の確認

- コンクリートの種類
- 調合指定の有無
- 材料指定の有無
- 要求品質の確認（上記以外）

工期・工程の確認

- 予定工期・工程
- 施工数量の算出

施工環境条件の確認

- 周辺建物の確認
- 近隣状況の確認
- 近隣対策の検討
- 道路状況の確認
- 生コン工場までの距離

施工内容の把握 → **施工管理計画の立案** → **専門工事業者との契約** → **調合計画の検討・承認** / **施工要領書の検討・承認** → **コンクリート打**

（施工管理計画の立案）

- 施工順序・工法の検討
- 関連工事との取合いの検討
- 組織編成・要員計画の検討
- 打込み数量の確認
- 検査計画の立案
- 施工管理計画書の作成

打込み計画の立案

- 作業所内の運搬方法
- ポンプ車の配置
- 打込み順序
- 打込み方法
- 締固め方法
- 打継ぎ方法
- 養生方法
- 安全事項

製造業者（商社，生コン工場）

- JIS表示認証
- 工場調査
- 技術者の資格，員数
- 運搬経路，運搬時間
- 生コンクリートの運搬能力
- 待機場所

ポンプ圧送工

- ポンプ車の能力
- 圧送管の配管経路
- 盛替え，筒先の移動方法
- コンクリートの打込み方法
- 作業時間
- 圧送工の配置

土工（コンクリート打込み工）

- 打込み準備
- 型枠清掃，水湿し
- 打継ぎ部処理
- 打込み・締固め方法
- 鉄筋清掃
- 片付け，清掃
- 養生
- 自主検査（豆板，コールドジョイント）

製造業者（生コン工場）

- 強度補正の時期，補正値
- 材料の種類と品質
- コンクリートの調合強度
- 構造体強度の確認方法
- 調合強度の確認方法
- 試し練りの必要性の有無
- 配合計画書，計算書
- 各種材料試験成績書

土工（コンクリート打込み工）

- 施工体制
- 人員配置
- 事前清掃・養生
- 打込み作業要領
- 締固め要領
- 片付け，清掃
- 養生
- 自主検査
- 安全事項

●測定要領(1)

1）壁際の床レベル精度の測定および記録

対象階の基準レベル墨出し後，各壁の片側について，切付け部を1mピッチに壁基準レベル墨からスケールで直接床レベルを測定し，正規レベルとの誤差を＋－を付けて下図のようにすべて記録する。管理水準をオーバーした部位については，○印をつける。

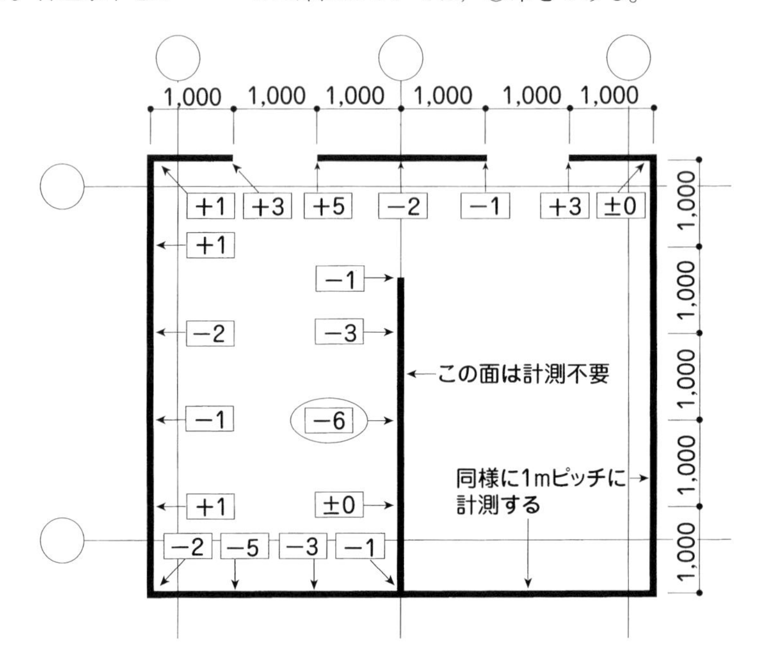

2）床面の面精度の測定および記録（必要な場合は下記要領で実施する）

対象階の支保工解体片付け後，1スパンごとに目視により凹凸の大きいと思われるところで縦横（直角）方向に3箇所程度ずつを，3mのアルミ直定規で測定し，管理水準をオーバーした部位については○印を付け，その数値および位置のみ記録する。

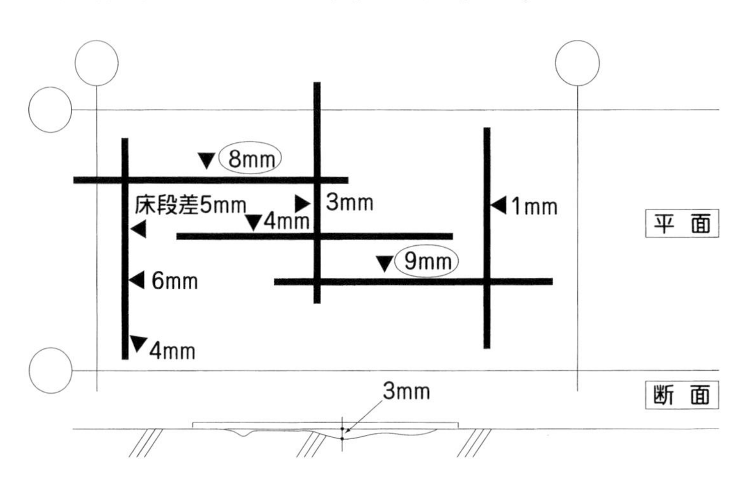

●測定要領(2)

3）豆板量の測定および記録

実測者　：作業所

実測時期：型枠解体後，かつ補修前

実測範囲：スラブを除く内外部ともすべてのコンクリート面

実測要領：① 豆板量は，「豆板面積」と「豆板深さ」を計測し下記のとおり算定する。

豆板量＝$\boldsymbol{\Sigma}$〔(豆板面積)×(豆板深さ係数：$\boldsymbol{k}$)〕

② 豆板面積：深さが1 cm 未満でかつ長径が5 cm 未満の豆板については，カウントしない。豆板の表面にノロがかぶっている場合は，ハンマー等で落として計測する。壁面などの両側に貫通している場合は，それぞれカウントする。計測最小単位は1 cm とする。

③ 豆板深さ：豆板の深さは斫りノミ等で斫って計測する。豆板の深さは，その一番深い部分で計測する。豆板深さ係数の値は下表による。

豆板深さ係数	豆板の深さの程度
$k=8$	最小かぶり厚が確保されていて鉄筋が露出している場合，または45 mm 以上の深さとなっている場合
$k=2$	最小かぶり厚が確保されていないで鉄筋が露出している場合，または10 mm を超え45 mm 未満の深さとなっている場合
$k=1$	10 mm 以下の深さの場合

記録方法：立面図等に一個ごとに位置と形を図示し，縦・横寸法と深さ係数を併記する。

測定器具：スケール

［**実測と記録例**］

例：豆板量$=a_1\times b_1\times k_1+a_2\times b_2\times k_2+\cdots$

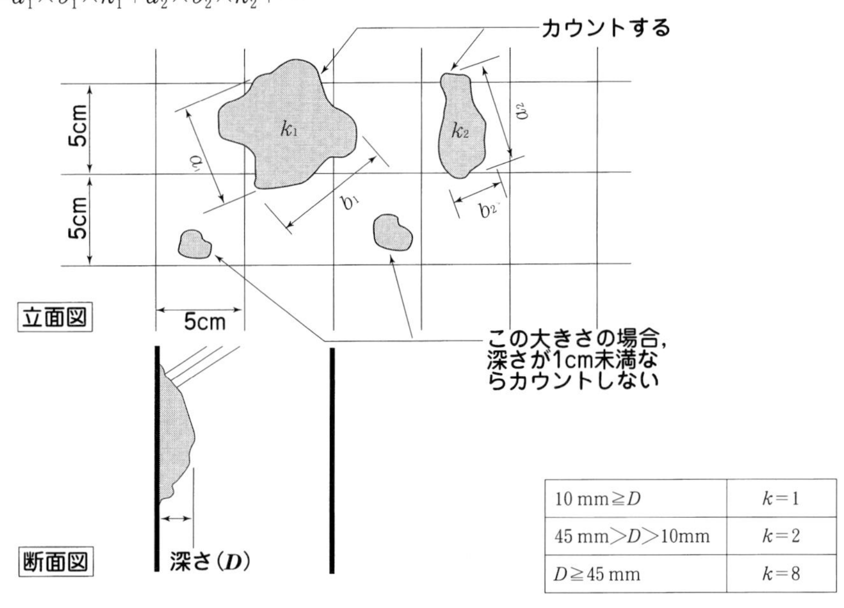

10 mm≧D	$k=1$
45 mm>D>10mm	$k=2$
D≧45 mm	$k=8$

●測定要領(3)

4）コールドジョイントの発生状況

実測者　：作業所

実測時期：型枠解体後，かつ補修前

実測範囲：スラブを除く内外部ともすべてのコンクリート面

実測要領：① コールドジョイントはその長さを計測する。

② 計測最小単位は 10 cm とする。

③ 隙間・豆板・段差などをともなわない，単なる色違いだけのもの等は，カウントしない。

④ 壁面などの両側に貫通している場合は，それぞれカウントする。

記録方法：立面図等に 1 本ごとに位置（長さ）を図示し，長さを付記する。

測定器具：スケール

5）壁等のひび割れの発生状況

実測者　：作業所

実測時期：型枠解体後，かつ補修前

実測範囲：スラブを除く内外部ともすべてのコンクリート面

実測要領：① ひび割れはその長さと幅を計測する。

② 長さの計測最小単位は 10 cm とする。

③ 幅の計測単位はクラックスケールの目盛りによる。

④ 幅 0.04 mm 以上（目視できるものすべて）のひび割れをカウントする。

⑤ 誘発目地・収縮目地などの目地底に発生したものはカウントしない。

⑥ 壁面などの両側に貫通している場合はそれぞれカウントする。

記録方法：平面図等に 1 本ごとに位置（長さ）を図示し，長さを付記する。

測定器具：クラックスケール，スケール

6）スラブのひび割れの発生状況

実測者　：作業所

実測時期：型枠解体後，かつ補修前

実測範囲：スラブの上面，裏面ともすべて

実測要領：① ひび割れはその長さと幅を計測する。

② 長さの計測最小単位は 10 cm とする。

③ 幅の計測単位はクラックスケールの目盛りによる。

④ 幅 0.04 mm 以上（目視できるものすべて）のひび割れをカウントする。

⑤ スラブの上面・裏面に貫通している場合はそれぞれカウントする。

記録方法：平面図等に 1 本ごとに位置（長さ）を図示し，長さを付記する。

測定器具：クラックスケール，スケール

2 調合計画

コンクリートの調合計画とは，仕様書で規定する要求性能を満足するコンクリートを製造するため，材料と調合を選定することです。調合計画については，14ページで簡単に説明しましたが，ここでもう一度詳しく解説してみましょう。

材料選定

① セメント

セメントはコンクリートを硬化させ，強度を支配する重要な材料です。セメントは水と化学反応（水和反応という）して徐々に硬化し，4週間程度で必要な強度が得られます。しかし，コンクリート打込み後，乾燥状態にさらされると反応が十分に進まず，強度の伸びが小さくなってしまいます。このため打込み後，数日間は乾燥を防ぎ湿潤状態に保つ必要があります。これを養生といい，良質なコンクリート構造物を造るうえで重要な工程といえます。

セメントの種類には，建築工事で最もよく使われる普通ポルトランドセメントや，短期間で強度が発現する早強度ポルトランドセメント，水和発熱量が小さく土木工事に多く使われる高炉セメントなどがあります。

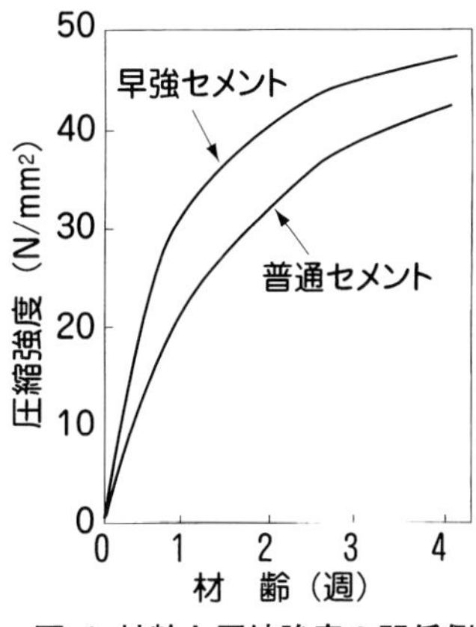

図-1 材齢と圧縮強度の関係例

② 骨材

一般に砂利，砂と呼ばれるものを総称して骨材といいます。5 mm以上のものを粗骨材，5 mm以下のものを細骨材といいます。骨材はコンクリート容積の約70%を占めるため，その品質はコンクリートに大きな影響を及ぼしますが，近年天然の良質な砂，砂利が枯渇し，大都市では岩石を砕いて製造する砕石，砕砂の割合が高まっています。このため，コンクリートの施工性の悪化や，水量の増加による耐久性の低下などが心配されています。

骨材の種類としては，普通骨材と人工軽量骨材があり，後者を用いると，普通コンクリートの気乾単位容積質量約2.3t/m^{3}を1.4～2.1t/m^{3}まで小さくした軽量コンクリートが製造できます。

③ 水

使用する水は，飲み水として用いるものが理想ですが，JIS A 5308（レディーミクストコンクリート）の規定に適合するものであれば使用できます。

④ 混和剤

コンクリートには，少量の混和材料が加えられています。その代表的なものがAE減水剤で，コンクリート中に気泡を混入させることにより，施工性を良くすると同時に水量を減じることができ，耐久性を高めます。

高性能AE減水剤は，少ない水量で施工性が確保できるため，仕様書の水量制限を満足するためや，耐久性の大幅な向上を目的に用いられます。流動化剤は硬めの生コンに現場で添加し，生コン車を高速回転させて混合することにより軟らかくすることができます。水を加えて軟らかくするのではないため，強度や耐久性を損なうことなく，施工性の良いコンクリートが得られます。

調合選定

① 単位水量

使用予定の材料で所定のスランプ値が得られない場合は，高性能AE減水剤の利用を検討します。**図-2**のように高性能AE減水剤を用いれば，同じ水量でスランプを5cm以上大きくすることができます。

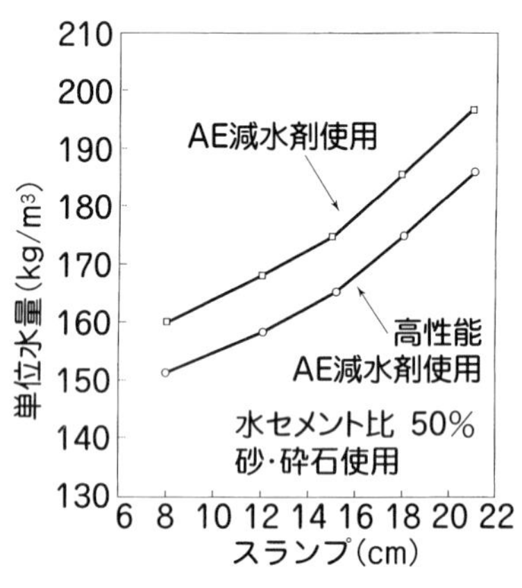

図-2 スランプと単位水量の関係例

② 水セメント比

使用予定の材料を用いて，水セメント比を変えた計画調合を3〜4種類用意して試し練りを実施し，おのおのの圧縮強度を測定します。その結果から**図-3**を作成し，水セメント比の逆数であるセメント水比と圧縮強度の関係式（直線式）を求めます。この式から所要強度を得るための水セメント比を計算するのですが，この場合の所要強度は調合強度（F）といい，以下の式によります。

$$F=F_q+S+1.73\sigma$$

F_q：品質基準強度

S：構造体強度補正値

σ：標準偏差

通常は，使用する生コン工場の実績により算定しています。

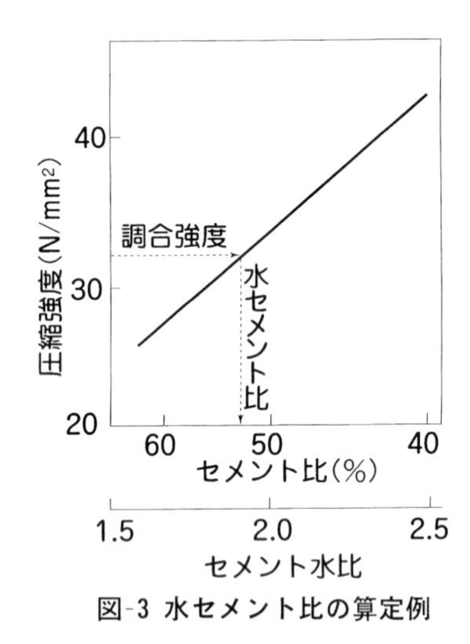

図-3 水セメント比の算定例

③ 単位粗骨材かさ容積

このほかに，流動しやすく，しかも分離しにくいコンクリートの調合を決めるには，粗骨材量の選定も重要です。一般に生コン工場の実績から定められています。

3 簡単なコンクリート調合の求め方

以下の条件でのコンクリートの調合計算例を示します。コンクリート調合を理解する方法として，計算手順にそってカッコ内の数値［**太字**］を追いかけながら勉強してみましょう。

なお，「(工場実績より)」となっている数値は，おのおのの生コン工場によって違ってきます。このことをよく理解しておきましょう。

条　件

コンクリート種類	：普通コンクリート
計画供用期間の級	：標準
設計基準強度（F_c）	：24 N/mm^2
スランプ	：18 cm
空気量	：4.5 %
セメントの種類	：普通ポルトランドセメント
セメントの密度	：3.16（t/m^3）
粗骨材の最大寸法	：20 mm
単位水量	：175 kg/m^3
施工場所および生コン工場	：東京郊外　JIS 表示認証工場
コンクリート打込み時期	：3月（打込みから28日までの予想平均気温，11.6℃とする）
標準偏差（σ）	：2.7 N/mm^2（工場実績より）
正規偏差（K）	：2
使用骨材	：細骨材　表乾比重　2.55（工場実績より）
使用骨材	：粗骨材　表乾比重　2.67，単位容積質量　1.45 kg/m^3（工場実績より）
使用骨材	：実績率　55.0 %（工場実績より）
単位粗骨材かさ容積	：0.62 m^3/m^3（工場実績より）
水セメントの算定式	：F28＝22.0×C/W－7.0（工場実績より）

1. コンクリートの品質基準強度（F_q）を求める

品質基準強度（F_q）は，設計基準強度（F_c）および耐久設計基準強度（F_d）のどちらかの大きい値とする。

(1) 耐久設計基準強度（F_d）を求める。

耐久設計基準強度（F_d）は，計画供用期間の級（短期・標準・長期・超長期）に応じて区分されており，短期は［**18**］N/mm^2，標準は［**24**］N/mm^2，長期は［**30**］N/mm^2，超長期は［**36**］N/mm^{2}と規定されている。

条件では標準とあるので，F_d＝［**24**］N/mm^{2}を採用する。

(2) 設計基準強度（F_c）と耐久設計基準強度（F_d）を比較する。

F_c＝［**24**］N/mm^2………❶

F_d＝［**24**］N/mm^2………❷

(3) 上記の❶と❷の値の大きい方を，コンクリートの品質基準強度（F_q）とする。

両方とも［**24**］なので，

F_q＝［**24**］N/mm^2

2. 調合管理強度（F_m）を求める

$F_m = F_q + {}_mS_n$（N/mm²）

${}_mS_n$：構造体コンクリート強度補正値（N/mm²）

構造体強度補正値 ${}_{28}S_{91}$ の標準値

セメントの種類	コンクリートの打込みから 28 日までの期間の予想平均気温の範囲（°C）	
普通ポルトランドセメント	$8 \leqq \theta$	$0 \leqq \theta < 8$
構造体強度補正値 ${}_{28}S_{91}$（N/mm²）	3	6

上記の表より F_m の値を求める

$F_m = F_q + {}_{28}S_{91} = [\mathbf{24}] + [\mathbf{3}] = [\mathbf{27}]$ N/mm²

3. 調合強度（$F28$）を求める

$F28 = F_m + K \cdot \sigma$（N/mm²）の式を使用

上記条件「σ は 2.7 N/mm²，K は 2」より

$F28 = [\mathbf{27}] + [\mathbf{2}] \times 2.7 = [\mathbf{32.4}]$ N/mm²

4. 水セメントの算定式より，セメント水比（C/W）を求める

水セメント比の算定式は，実際に使用する生コン工場の実績値による。

ここでは上記条件より，$F28 = 22.0 \times C/W - 7.0$（N/mm²）を使用

C/W：セメント水比（水セメント比の逆数）

$F28 = 22.0 \times C/W - 7.0$（N/mm²）　←$F28$ の値は上記 3 による値を採用

$[\mathbf{32.4}] = 22.0 \times C/W - 7.0$

$$C/W = \frac{[\mathbf{32.4}] + 7.0}{22.0} = \frac{[\mathbf{39.4}]}{22.0} = [\mathbf{1.79}]$$

5. 単位水量（W）を求める

単位水量（W）は，使用材料や練混ぜ装置等により工場特有の値が生じる。

ここでは上記条件より，175 kg/m³ とする。

この値は，単位水量の上限値より（JASS 5 による）小さい値であることの確認が必要。

175＜185（kg/m³）………OK！

6. 単位セメント量（C）を求める

上記 4 より，$C/W = [\mathbf{1.79}]$

上記 5 より，$W = 175$ kg/m³

$\therefore\ C = [\mathbf{1.79}] \times W$ kg/m³

$= [\mathbf{1.79}] \times 175$ kg/m³

$= [\mathbf{313}]$ kg/m³

7. 水セメント比（W/C）を求める

上記 5，6 より

$$W/C = \frac{[\mathbf{175}]\ \text{kg/m}^3}{[\mathbf{313}]\ \text{kg/m}^3} = [\mathbf{55.9}]\ \%$$

8. 単位粗骨材の絶対容積（V_g）を求める

単位粗骨材絶対容積（V_g）は

V_g＝単位粗骨材かさ容積×実績率の式により求められる。

$\therefore V_g$＝［**0.62**］m^3/m^3×［**55**］％

＝［**0.341**］m^3/m^3

＝［**341**］l/m^3

9. 単位細骨材の絶対容積（V_s）を求める

生コンの単位容積は，1,000＝$W+C/3.16+A+V_s+V_g$（l/m^3）の関係で表される。

W　　：単位数量

$C/3.16$：セメントの絶対容量

V_s　　：細骨材の絶対容量

V_g　　：粗骨材の絶対容量

A　　：コンクリートの空気量の容積

A は，空気量 4.5 % であるから，45（l/m^3）となる。

1,000＝$W+C/3.16+A+V_s+V_g$（l/m^3）より

V_s＝1,000－（$W+C/3.16+A+V_g$）

＝1,000－（［**175**］＋［**313**］/3.16＋［**45**］＋［**341**］）

＝［**340**］l/m^3

10. 単位細骨材量（S）および単位粗骨材量（G）を求める

$S=V_s$×（細骨材の表乾比重）＝［**340**］×［**2.55**］＝［**867**］kg/m^3

$G=V_g$×（粗骨材の表乾比重）＝［**341**］×［**2.67**］＝［**910**］kg/m^3

11. 単位混和剤量（A_d）を求める

混和剤は一般に，単位セメント量の 1 % 使用するとして単位混和剤量を求める。

$\therefore A_d=C\times0.01$＝［**313**］×0.01＝［**3.13**］kg/m^3

12. 調合表を作成する

水セメント比［**55.9**］％

	単位重量（kg/m³）	絶対容積（l/m³）	容積百分率（%）
セメント	［**313.0**］	［**99**］	［**9.9**］
水	［**175.0**］	［**175**］	［**17.5**］
細骨材	［**867.0**］	［**340**］	［**34.0**］
粗骨材	［**910.0**］	［**341**］	［**34.1**］
混和剤	［**3.38**］水に含む	0	0.0
空気量	0.00	［**45**］	［**4.5**］
合　計	［**2270.0**］（kg/m³）	1000（l/m³）	100.0（%）

■索　引

ア－オ

カ－コ

サ－ソ

タ－ト

ナ－ノ

ハ－ホ

マ－モ

ヤユヨ

ラ－ロ

ワ

◎参考文献
『建築工事標準仕様書・同解説　JASS 5　鉄筋コンクリート工事　2018』日本建築学会
『公共建築工事標準仕様書』国土交通省大臣官房官庁営繕部監修，公共建築協会
『建築工事監理指針』国土交通省大臣官房官庁営繕部監修，公共建築協会
「月刊　建設物価」建設物価調査会

◎引用文献
引用＊1 『コンクリートの品質管理指針・同解説』日本建築学会，2015年，114頁，解説図6.4.1
＊2 『建築工事監理指針　上巻（令和元年版）』国土交通省大臣官房官庁営繕部監修，公共建築協会，2019年，355頁，図6.1.1
＊3 『建築材料用教材』日本建築学会，2013年，41頁，図9
＊4 『建築構造用教材』日本建築学会，2014年，46頁，図
＊5 『型枠の設計・施工指針』日本建築学会，2011年，34頁，図3.1

◎マンガ作成にあたり協力していただいた生コン工場
神奈川アサノコンクリート株式会社港北工場 ＊

◎資料・写真提供
石川島建機株式会社
エクセン株式会社
神奈川アサノコンクリート株式会社 ＊
新明和工業株式会社

＊印の社名および工場名は2001年当時のものです。

●技術解説
田中昌二（たなか しょうじ）
元大成建設株式会社
黒羽建嗣（くろは けんじ）
元大成建設株式会社
林　豊（はやし ゆたか）
元大成建設株式会社
飯島眞人（いいじま まさと）
大成建設株式会社建築本部
清水四郎（しみず しろう）
元大成建設株式会社東京支店

●脚本
石井圭子（いしい けいこ）

●マンガ
すずき清志（すずき せいし）

マンガで学ぶ　コンクリートの品質・施工管理［改訂２版］

2001年５月15日　第１版第１刷発行
2009年９月30日　改訂版第１刷発行
2016年11月25日　改訂２版第１刷発行
2021年３月10日　改訂２版第２刷発行

編　者　コンクリートを考える会©

マンガ　すずき清志©

発行者　石川泰章

発行所　株式会社 井上書院

東京都文京区湯島2-17-15　斎藤ビル
電話 (03)5689-5481　FAX (03)5689-5483
https://www.inoueshoin.co.jp/
振替 00110-2-100535

装　幀　川畑博昭

印刷所　株式会社ディグ

製本所　誠製本株式会社

ISBN 978-4-7530-0627-4　C3052　Printed in Japan

建物の配筋［増補改訂版］

可児長英監修

鉄筋コンクリート造における配筋の役割を正しく理解するための入門書。配筋の基礎知識や現場で活かせるポイントを，建物の基礎から竣工までの作業工程に沿ってわかりやすく解説。B5判・160頁　本体2900円

マンガで学ぶ

鉄骨建物の監理［改訂2版］

大成建設建築構造わかる会

鉄骨製作工場や現場における鉄骨の性能・品質確保が重要なポイントとなる鉄骨建物の監理業務について，設計図書の完成から建物の竣工までの流れに沿ってマンガ形式で平易に解説。　B5判・150頁　本体2900円

根切り・山留めの計画と施工管理

安全な地下工事を考える会

地盤調査，掘削計画，山留め設計，地下水対策，山留め壁の施工，支保工の組立てと解体，地下躯体工事といった一連の工程から，的確な工事計画と適切な施工管理に必要な知識を解説。B5判・168頁　本体2800円

マンガで学ぶ

建築工事写真の撮り方

工事写真品質向上研究会

各種検査や施工品質を証明する重要な手段としての工事写真の撮り方について，撮影計画のたて方から具体的な撮影上のポイントを，工事工程に沿って問題点や失敗例を挙げながら解説。B5判・144頁　本体2750円

配筋［改訂2版］

本体2800円

現場施工応援する会編

施工部位ごとに配筋の基準・仕様や間違えやすいポイントを徹底図解するとともに，かぶり厚さ，鉄筋径とあき，定着と重ね継手といった配筋の基本をJASS５に準拠して解説。

新書判・112頁（二色刷）本体1700円

コンクリート［改訂2版］

現場施工応援する会編

JASS５に完全準拠。材料や強度に関する基本知識や，コンクリートの欠陥を防ぎ，高品質で耐久性を備えた躯体をつくり上げる254の重要項目を，工程順にわかりやすく解説。

新書判・144頁（カラー）本体2100円

現場管理［改訂2版］

ものつくりの原点を考える会編

全工種において最低限おさえておきたい管理の基礎知識を，品質・工程・安全・環境管理の観点から，経験豊富な技術者による実践的ノウハウに基づいて整理した技術ハンドブック。

新書判・320頁（二色刷）本体2950円

建築携帯ブック

工事写真

ものつくりの原点を考える会編

全工種にわたる工事写真の撮り方について，撮影目的や対象が明確にわかるイラストで示した重要撮影項目500余点を収録し，黒板記入例，撮影準備，時期・頻度，ポイントを解説。

新書判・280頁（二色刷）本体2850円

＊上記の本体価格に，別途消費税が加算されます。